微电子机械加工系统（MEMS）技术基础

孙以材　庞冬青　编著

北京
冶金工业出版社
2009

内容简介

MEMS技术是21世纪发展的重大技术，涉及国防、航天、医疗等领域。本书以各种微型阀、微型泵、微型马达、压电元器件的制造为目的，阐述其功能，所依据的物理原理及定律。本书还详细介绍了电学，热学和力学有限元方法的要领，相关软件的使用及硅片的加工处理方法。阅读本书，可以为MEMS元件的设计和制造打下较好的基础，从而可以灵活应用所学知识。

本书可供国防、航天、医疗等专业的技术人员阅读，也可供大专院校有关专业师生参考。

图书在版编目(CIP)数据

微电子机械加工系统(MEMS)技术基础/孙以材，庞冬青编著.
—北京：冶金工业出版社，2009.3
ISBN 978-7-5024-4794-6

Ⅰ.微… Ⅱ.①孙… ②庞… Ⅲ.微电子技术—机械加工—基本知识 Ⅳ.TN405

中国版本图书馆CIP数据核字(2009)第006405号

出 版 人 曹胜利
地 址 北京北河沿大街嵩祝院北巷39号，邮编100009
电 话 (010)64027926 电子信箱 postmaster@cnmip.com.cn
策划编辑 张 卫 责任编辑 章秀珍 贾 玲 美术编辑 张媛媛
版式设计 葛新霞 责任校对 刘 倩 责任印制 牛晓波
ISBN 978-7-5024-4794-6
北京百善印刷厂印刷；冶金工业出版社发行；各地新华书店经销
2009年3月第1版，2009年3月第1次印刷
850mm×1168mm 1/32；6.5印张；172千字；194页；1-2000册
26.00元
冶金工业出版社发行部 电话：(010)64044283 传真：(010)64027893
冶金书店 地址：北京东四西大街46号(100711) 电话：(010)65289081
(本书如有印装质量问题，本社发行部负责退换)

前　言

微电子机械加工系统(MEMS)是指以集成电路等工艺批量制作,集微型机械、微型传感器、微型执行器及信号处理和控制电路等于一体的装置。它具有尺寸小、重量轻、响应快、精度高、性能优和成本低等特点,其在工业、国防、航天、航海、医学、生物工程、农业等领域有着广泛的应用前景。

微机电系统是微电子技术的拓宽和延伸,它与精密机械加工融为一体,能制造出外形轮廓尺寸在毫米、微米、甚至纳米量级的微型机电装置。MEMS 制作技术包括微电子技术和微加工技术两大部分。前者有硅片的抛光、氧化、光刻、掺杂扩散、引线等;后者有硅片腐蚀加工和硅片键合、封装等。目前已制造出微型压力传感器、微型加速度传感器、微型泵、微型阀、微型沟槽、微型执行器、微型齿轮、微型电机、微型飞行器、微型陀螺、微型燃烧器、微型手术刀、微型血管内注射器、DNA 芯片、智能药物释放器以及微小卫星等,并已在不同领域发挥重要作用。

今后在 MEMS 材料、性能及检查、元件设计与制造、加工效果观察、元件封装与测试方面实现标准化也是其发展方向之一。这将决定 MEMS 产业化发展的成功与否。

本书着重于 MEMS 元件设计中的有限元静电场和电流场,温度场,MEMS 元件各向同性应力场和各向异性应变分析及压电效应介绍。本书重点还放在 MEMS 元件制造,包括硅片腐蚀加工和硅片键合,封装和引线。我们在上述各方面曾作过许多研究,完成多项科研任务,有一定的经验和收获。但由于

MEMS技术涉及面广，设备先进性要求高，特别是本书重点不在微电子技术（硅片的抛光，氧化，光刻，扩散）工艺，因此也存在不足。希望广大科技工作者和同行提出批评意见，本书作者将深表感谢。另外，本书参考了许多作者的有关书籍和论文，反映在各章的参考文献（列于本书最后）中，我们在此表示谢意。

作 者

2009年1月

目　录

1 静电场数值计算有限元方法

1.1 静电场中重要定律和方程

静电场数值计算有限元方法的基础是静电场中的有关定律、定理和重要方程。两者之间存在因果关系。

1.1.1 欧姆定律

导体中流过电流时,假若导体是各向同性的,也就是说电导率是一常量,这时欧姆定律可以表达为$\boldsymbol{j} = \sigma\boldsymbol{E}$。如果在晶体中,电导率便不是常量,与晶体的方向有关,则欧姆定律可以表示为:

$$\begin{bmatrix} j_x \\ j_y \\ j_z \end{bmatrix} = \begin{bmatrix} \sigma_{11} & \sigma_{12} & \sigma_{13} \\ \sigma_{21} & \sigma_{22} & \sigma_{23} \\ \sigma_{31} & \sigma_{32} & \sigma_{33} \end{bmatrix} \begin{bmatrix} E_x \\ E_y \\ E_z \end{bmatrix} \quad \text{或简写为:} \boldsymbol{J} = \sigma\boldsymbol{E} \tag{1-1}$$

即
$$\boldsymbol{E} = \boldsymbol{E}_x + \boldsymbol{E}_y + \boldsymbol{E}_z = E_x\boldsymbol{i} + E_y\boldsymbol{j} + E_z\boldsymbol{k}$$
$$\boldsymbol{j} = \boldsymbol{j}_x + \boldsymbol{j}_y + \boldsymbol{j}_z = j_x\boldsymbol{i} + j_y\boldsymbol{j} + j_z\boldsymbol{k}$$

则
$$\boldsymbol{j}_x = \sigma_{11}\boldsymbol{E}_x + \sigma_{12}\boldsymbol{E}_y + \sigma_{13}\boldsymbol{E}_z$$

这时电导率是一张量。

有限元方法中,通常是讨论σ为常量的各向同性的情况,这就大大地简化了计算过程。

1.1.2 奥 - 高定律

如图1-1所示,电场$\boldsymbol{E}$沿封闭面S积分等于封闭面内的正电荷q_A,即

$$q_A = \oiint \boldsymbol{E}\mathrm{d}\boldsymbol{s} \tag{1-2}$$

这就是奥 - 高定律。又由欧姆定律$\boldsymbol{E} = \frac{1}{\sigma}\boldsymbol{j}$,代入式(1-2)后可得

$$q_A = \oiint \frac{1}{\sigma} \ j\mathrm{d}s = \frac{1}{\sigma}\oiint j\mathrm{d}s = \frac{1}{\sigma}I$$

式中，I 为从封闭面流出的总电流，也等于从电极 A 处流入电流等价于在 A 处有效的静电荷 $q_A = \frac{I}{\sigma}$。于是建立起电流场与静电场值之间的关系。将电流场问题转化为静电场问题。

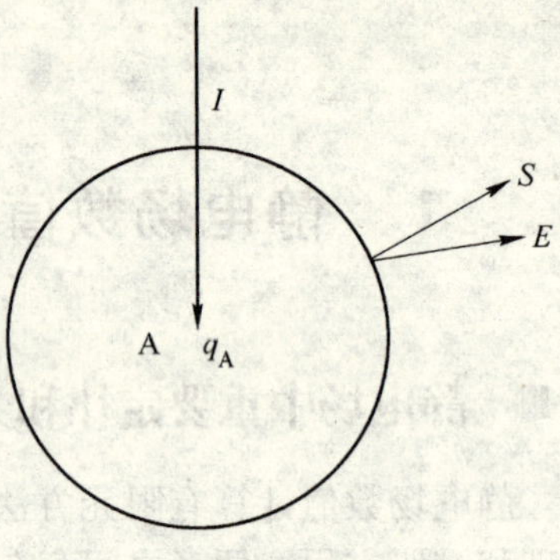

图 1-1　正电荷 q_A 附近的电场

1.1.3　静电场中的泊松(poisson)方程

$$\nabla^2 \phi = -\frac{\rho}{\varepsilon} \tag{1-3}$$

这就是泊松方程，式中，ϕ 为电位分布；ρ 为电荷密度；ε 为介质的介电常数；当场的边界无电流流出时，边界条件为$\frac{\partial \phi}{\partial \boldsymbol{n}} = 0$；$\boldsymbol{n}$ 为边界的法向单位矢量。

也就是说，等电位线到边界附近时必须与边界相互垂直，如图 1-2 所示。通常称这一边界条件为第二类边界条件。导体与绝缘体之间的边界上就满足这一条件。

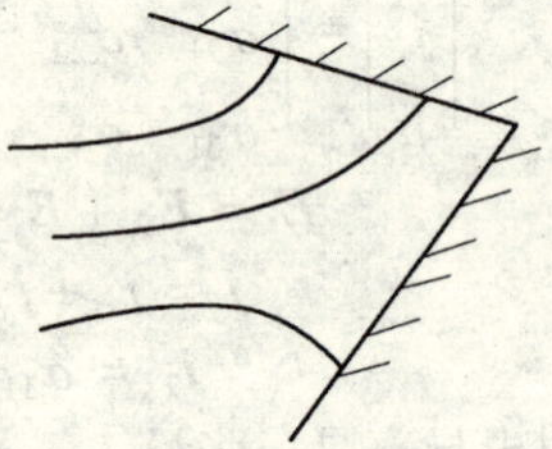

图 1-2　场域边缘附近的等电位分布

1.1.4　高斯定理

$$\iiint_v \nabla \cdot \boldsymbol{F} \mathrm{d}v = \iint_s \boldsymbol{F} \cdot \boldsymbol{n} \mathrm{d}s \tag{1-4}$$

式中，s 为空间区域 v 边界曲面；$\boldsymbol{n} = (\cos\alpha, \cos\beta, \cos\gamma)$ 为 s 上一点法线单位矢量；$\boldsymbol{F}$ 为空间域中的某一物理量矢量。

1.1.5　格林定理

$$\iiint_v (\psi \nabla^2 \phi + \nabla\psi \nabla\phi) \mathrm{d}v = \iint_s \psi \frac{\partial\phi}{\partial \boldsymbol{n}} \mathrm{d}s \tag{1-5}$$

上述格林定理可由高斯定理推出。式(1-4) 中矢量 $\boldsymbol{F}$ 用 $\psi\nabla\phi$ 代入,其中,ψ,ϕ 都是标量,$\nabla\phi$ 是矢量。于是由式(1-4) 左端

$$左端 = \iiint_v \nabla\cdot(\psi\nabla\phi)\mathrm{d}v = \iiint_v (\psi\nabla^2\phi + \nabla\psi\nabla\phi)\mathrm{d}v$$

$$而右端 = \iint_s (\psi\nabla\phi)\cdot\boldsymbol{n}\mathrm{d}s = \iint_s \psi\nabla\phi\cdot\boldsymbol{n}\mathrm{d}s = \iint_s \psi\frac{\partial\phi}{\partial n}\mathrm{d}s$$

由式(1-4) 左端 = 右端,便有格林定理。格林定理也可以写成为:

$$\iiint_v \nabla\psi\nabla\phi \mathrm{d}v = -\iiint_v \psi\nabla^2\phi\mathrm{d}v + \iint_s \psi\frac{\partial\phi}{\partial n}\mathrm{d}s$$

格林定理在静电场有限元方法中占有重要地位。

1.1.6　静电场能量

电荷密度 ρ 在其周围产生电位分布 ϕ。取少量电荷 $\delta\rho$ 由电位为零的无穷远点移动过来便须做微小功

$$\delta U = \iiint \phi\delta\rho\mathrm{d}v \tag{1-6}$$

电荷密度与电位移矢量及电位与电场强度之间存在以下关系:

$$\begin{aligned}\nabla\cdot\boldsymbol{D} &= \rho \\ \boldsymbol{E} &= -\nabla\phi\end{aligned} \tag{1-7}$$

对于式(1-7) 又可有以下关系,$\nabla\cdot\delta\boldsymbol{D} = \delta\rho$ 利用以下数学关系:$\nabla\cdot(\phi\delta\boldsymbol{D}) = \phi\nabla\cdot(\delta\boldsymbol{D}) + \delta\boldsymbol{D}\nabla\phi$,其中代入式(1-7) 可得到

$$\nabla\cdot(\phi\delta\boldsymbol{D}) = \phi\delta\rho - \boldsymbol{E}\delta\boldsymbol{D} \tag{1-8}$$

又从式(1-7) 可以得到:

$$\iiint \rho\mathrm{d}v = \iiint \nabla\cdot\boldsymbol{D}\mathrm{d}v \tag{1-9}$$

依据高斯定理

$$\iiint \nabla \cdot \boldsymbol{D} \mathrm{d}v = \oiint \boldsymbol{D} \cdot \boldsymbol{n} \mathrm{d}s = \oiint D_n \mathrm{d}s \text{ 又可得到} \iiint \rho \mathrm{d}v = \oiint D_n \mathrm{d}s \tag{1-10}$$

将式(1-8) 代入式(1-6) 中可得到:

$$\begin{aligned}\delta U &= \iiint [\nabla \cdot (\phi \delta \boldsymbol{D}) + \boldsymbol{E} \cdot \delta \boldsymbol{D}] \mathrm{d}v \\ &= \iiint \nabla \cdot (\phi \delta \boldsymbol{D}) \mathrm{d}v + \iiint \boldsymbol{E} \cdot \delta \boldsymbol{D} \mathrm{d}v \\ &= \oiint (\phi \delta \boldsymbol{D}) \cdot \boldsymbol{n} \mathrm{d}s + \iiint \boldsymbol{E} \cdot \delta \boldsymbol{D} \mathrm{d}v \\ &= \oiint \phi \delta D_n \mathrm{d}s + \iiint \boldsymbol{E} \cdot \delta \boldsymbol{D} \mathrm{d}v\end{aligned}$$

这时,积分区域为无穷大时表面积分项为零:

则有　$$\delta U = \iiint \boldsymbol{E} \cdot \delta \boldsymbol{D} \mathrm{d}v$$

因此静电能便为:

$$U = \iiint \boldsymbol{E} \cdot \int (\delta \boldsymbol{D}) \mathrm{d}v = \frac{1}{2} \iiint \boldsymbol{E} \cdot \boldsymbol{D} \mathrm{d}v$$

电位移矢量与电场强度之间存在以下关系:

$$\boldsymbol{D} = \varepsilon \boldsymbol{E}$$

式中,ε 为介电常数,于是静电场的能量可表示为:

$$U = \frac{1}{2} \varepsilon \iiint |E|^2 \mathrm{d}v = \frac{1}{2} \varepsilon \iiint |\nabla \phi|^2 \mathrm{d}v \tag{1-11}$$

1.2　变分原理与泛函

众所周知,利用函数的导数或微分可以求其极小点或极大点。因此求函数极值点的问题就是求导数或微分问题。我们将函数的函数称为泛函。例如函数 $u(x)$ 是自变量 x 的函数,而泛函 $L[u(x)]$ 则是以函数 $u(x)$ 当作自变量的函数。求泛函的极值问题就称为求其变分问题。表 1-1 将微分与变分作一比较。

表 1-1 微分与变分的比较

微 分	变 分
函数 u 是自变量 x 的函数 $u = u(x)$	u 是自变量的 x 函数,泛函 L 是 $u(x)$ 的函数 $L = L[u(x)]$
微分 $du = \left\{\lim\limits_{\Delta x \to 0} \dfrac{u(x + \Delta x) - u(x)}{\Delta x}\right\}dx$	变分 $\delta L = \left\{\lim\limits_{\delta u \to 0} \dfrac{L(u + \Delta u) - L(u)}{\lvert \delta u \rvert}\right\}\lvert \delta u \rvert$
极小点 $du = 0$	极小点 $\delta L = 0$
在极小点上 $d^2 u > 0$	在极小点上 $\delta^2 L > 0$

1.2.1 变分原理与泛函

静电场中的泊松(Poisson) 方程为 $\Delta\phi = -\rho/\varepsilon$。当电荷密度为零,即 $\rho = 0$ 时,则就是拉普拉斯(Laplace) 方程 $\Delta\phi = 0$。因此求解上述方程微分方程及给定边界条件的问题就成为所谓边界值问题。这一边界值问题与静电场能量极小值密切相关。电场能量的极小值可由式(1-11) 得到:

$$\delta U = \varepsilon \iiint_v \nabla \delta\phi \nabla \phi dv \tag{1-12}$$

又利用格林定理可以得到:

$$\delta U = -\varepsilon \iiint_v \delta\phi \Delta\phi dv + \varepsilon \iint_L \delta\phi \frac{\partial \phi}{\partial n} ds = 0 \tag{1-13}$$

因此对任意 $\delta\phi$ 而言,式(1-13) 成立的条件为:

$$\Delta\phi = 0$$

$$\frac{\partial \phi}{\partial n} = 0 \tag{1-14}$$

这就是拉普拉斯方程和场的自然边界条件。也就是说,求解拉普拉斯方程并满足自然边界条件的问题变成一个等价求静电场能量的极小值问题。在这种情况下,可以设泛函 $L = U$,求能量极小值就是求泛函 L 的极小值。

1.2.2　场域中存在电荷时泛函 $L(\phi)$

当场域中存在电荷时，此时下列泊松方程成立：$\nabla^2\phi = -\rho/\varepsilon$

边界条件可表示为：$\left(\varepsilon\frac{\partial\phi}{\partial n}+\alpha\phi\right)_L = g$

也就是当场中有电荷存在时，求解泊松方程并满足边界条件 $\left(\varepsilon\frac{\partial\phi}{\partial n}+\alpha\phi\right)_L = g$ 的解就等价于求解下列泛函数的变分 $\delta L = 0$。此时泛函 $L(\phi)$ 应取下式：

$$L(\phi) = \iiint\frac{\varepsilon}{2}|\nabla\phi|^2\mathrm{d}v - \iiint\rho\phi\mathrm{d}v + \iint_s\left(\frac{1}{2}\alpha\phi^2 - g\phi\right)\mathrm{d}s$$

利用格林定理可以得到证明：取上式泛函的极值

$$\begin{aligned}\delta L(\phi) &= -\varepsilon\iiint\delta\phi\Delta\phi\mathrm{d}v + \varepsilon\iint\delta\phi\frac{\partial\phi}{\partial n}\mathrm{d}s - \iiint\rho\delta\phi\mathrm{d}v + \iint(\alpha\phi\delta\phi - g\delta\phi)\mathrm{d}s\\ &= -\varepsilon\iiint\left(\delta\phi\Delta\phi + \frac{\rho\delta\phi}{\varepsilon}\right)\mathrm{d}v + \iint\delta\phi\left[\varepsilon\left(\frac{\partial\phi}{\partial n}\right) + \alpha\phi - g\right]\mathrm{d}s\\ &= -\varepsilon\left[\iiint\delta\phi\left(\Delta\phi + \frac{\rho}{\varepsilon}\right)\right]\mathrm{d}v + \iint\delta\phi\left[\varepsilon\frac{\partial\phi}{\partial n} + \alpha\phi - g\right]\mathrm{d}s = 0\end{aligned}$$

要满足 $\delta L = 0$，对任意 $\delta\phi$ 必有下列两式：

(1) $\Delta\phi + \frac{\rho}{\varepsilon} = 0$，即 $\Delta\phi = -\frac{\rho}{\varepsilon}$，这就是泊松方程。

(2) $\varepsilon\frac{\partial\phi}{\partial n} + \alpha\phi - g = 0$，这就是说边界条件自动得到满足，其中 $\alpha\phi = g$ 称为强制边界条件或第一类边界条件。第一类边界条件就是强制规定边界上的电位。$\frac{\partial\phi}{\partial n} = 0$ 成为自然边界条件，或第二类边界条件。

1.3　静电场有限元法的计算过程

1.3.1　场域的剖分与函数的近似表示

求泛函时涉及到场域的积分计算，将场域剖分后成为一系列单元,各单元之间依靠单元结点(或边)相互联系。整个场域的积分便是各单元积分之和。各结点的电位分布$\phi_1,\phi_2,\cdots,\phi_n$便构成整个场域的电位分布。场域剖分越细,结点数目越多。结点的电位越能代表场域的电位分布。通常将场域剖分为三角形或四边形单元(二维情况)或三角锥或平行六面体单元(三维情况)。以场域剖分为三角形为例,如图1-3所示。3个结点的电位分布ϕ_i,ϕ_j,ϕ_m便可以构成一列矢量$[\phi]_e=(\phi_i,\phi_j,\phi_m)^T$。在此单元中坐标为$(x,y)$的$Q(x,y)$点的电位则可以表示为:

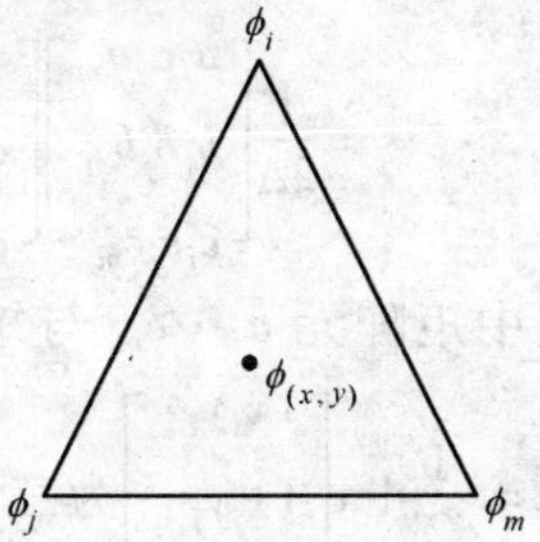

图1-3 场域剖分为三角形

$$\phi(x,y)=(\zeta_i,\zeta_j,\zeta_m)\begin{bmatrix}\phi_i\\\phi_j\\\phi_m\end{bmatrix}=(\zeta_i,\zeta_j,\zeta_m)[\phi]_e \tag{1-15}$$

式中,ζ_i,ζ_j,ζ_m称为形函数。形函数肯定与三角形形状有关。还与Q点的坐标有关。例如$Q(x,y)$靠近ϕ_i点,则ϕ_i所占$\phi(x,y)$比重较大,ζ_i值相对于ζ_j和ζ_m就越大。令

$$\phi(x,y)=a+bx+cy\text{ 即 }\phi(x,y)=[1xy]\begin{bmatrix}a\\b\\c\end{bmatrix} \tag{1-16}$$

对结点i,j,m也有
$$\begin{bmatrix}\phi_i\\\phi_j\\\phi_m\end{bmatrix}=\begin{bmatrix}1x_iy_i\\1x_jy_j\\1x_my_m\end{bmatrix}\begin{bmatrix}a\\b\\c\end{bmatrix} \tag{1-17}$$

其中列矢量$[abc]^T$为:

$$\begin{bmatrix}a\\b\\c\end{bmatrix}=\begin{bmatrix}1x_iy_i\\1x_jy_j\\1x_my_m\end{bmatrix}^{-1}\begin{bmatrix}\phi_i\\\phi_j\\\phi_m\end{bmatrix}$$

$$= \frac{1}{2\Delta}\begin{bmatrix} x_jy_m - x_my_j, x_my_i - x_iy_m, x_iy_j - x_jy_i \\ y_i - y_m, y_m - y_j, y_i - y_j \\ x_m - x_j, x_i - x_m, x_j - x_i \end{bmatrix}\begin{bmatrix} \phi_i \\ \phi_j \\ \phi_m \end{bmatrix}$$

$$= \frac{1}{2\Delta}\begin{bmatrix} a_ia_ja_m \\ b_ib_jb_m \\ c_ic_jc_m \end{bmatrix}\begin{bmatrix} \phi_i \\ \phi_j \\ \phi_m \end{bmatrix}$$

其中矩阵元 $a_i \cdots c_m$ 与矩阵元 $x_jy_m - y_jx_m, \cdots, x_j - x_i$ 相对应，

$\Delta = \frac{1}{2}\det\begin{bmatrix} 1x_iy_i \\ 1x_jy_j \\ 1x_my_m \end{bmatrix}$ 为三角形单元面积。x_k, y_l 为结点的坐标。

又可将列矢量 $[abc]^T$ 代入式(1-16)，于是点 $\phi(x,y)$ 的电位可以表示为：

$$\phi(x,y) = \frac{1}{2\Delta}[a_i + b_ix + c_iy, a_j + b_jx + c_jy, a_m + b_mx + c_my][\phi]_e$$

$$= \frac{1}{2\Delta}\begin{bmatrix} a_i + b_ix + c_iy \\ a_j + b_jx + c_jy \\ a_m + b_mx + c_my \end{bmatrix}^T\begin{bmatrix} \phi_i \\ \phi_j \\ \phi_m \end{bmatrix}$$

又将它表示为：

$$\phi(x,y) = [\zeta_i\zeta_j\zeta_m]\begin{bmatrix} \phi_i \\ \phi_j \\ \phi_m \end{bmatrix}$$

其中 $$\begin{bmatrix} \zeta_i \\ \zeta_j \\ \zeta_m \end{bmatrix} = \frac{1}{2\Delta}\begin{bmatrix} a_i + b_ix + c_iy \\ a_j + b_jx + c_jy \\ a_m + b_mx + c_my \end{bmatrix} = \frac{1}{2\Delta}\begin{bmatrix} a_ib_ic_i \\ a_jb_jc_j \\ a_mb_mc_m \end{bmatrix}\begin{bmatrix} 1 \\ x \\ y \end{bmatrix} \quad (1\text{-}18)$$

对于三维情况下的三角锥立体单元，则相应有单元中一点 (x,y,z) 的电位

$$\phi(x,y,z)=(\zeta_i,\zeta_j,\zeta_m,\zeta_e)\begin{bmatrix}\phi_i\\ \phi_j\\ \phi_m\\ \phi_e\end{bmatrix}=(\zeta_i,\zeta_j,\zeta_m,\zeta_e)[\phi]_e$$

其中

$$\begin{bmatrix}\zeta_i\\ \zeta_j\\ \zeta_m\\ \zeta_e\end{bmatrix}=\frac{1}{6V_e}\begin{bmatrix}a_i & b_i & c_i & d_i\\ a_j & b_j & c_j & d_j\\ a_m & b_m & c_m & d_m\\ a_e & b_e & c_e & d_e\end{bmatrix}\begin{bmatrix}1\\ x\\ y\\ z\end{bmatrix}\tag{1-19}$$

式中，V_e 为三角锥体积。

当场域中的点 $Q(x,y,z)$ 的电位 $\phi(x,y,z)$ 求微商时，则分别有：

$$\begin{aligned}\frac{\partial\phi}{\partial x}&=\frac{1}{6V_e}[b_i,b_j,b_m,b_e][\phi]_e=\frac{1}{6V_e}[B]_e[\phi]_e\\ \frac{\partial\phi}{\partial y}&=\frac{1}{6V_e}[c_i,c_j,c_m,c_e][\phi]_e=\frac{1}{6V_e}[C]_e[\phi]_e\\ \frac{\partial\phi}{\partial z}&=\frac{1}{6V_e}[d_i,d_j,d_m,d_e][\phi]_e=\frac{1}{6V_e}[D]_e[\phi]_e\end{aligned}\tag{1-20}$$

二维情况由式(1-20) 可以类似推出：

$$\begin{aligned}\frac{\partial\phi}{\partial x}&=\frac{1}{2\Delta_e}[b_i,b_j,b_m][\phi]_e\\ \frac{\partial\phi}{\partial y}&=\frac{1}{2\Delta_e}[c_i,c_j,c_m][\phi]_e\end{aligned}\tag{1-21}$$

1.3.2　泛函的计算过程

1.3.2.1　单元方程

对于二维静电场来说，当场域中存在电荷时，则其电位分布必须满足泊松方程，考虑到场边界 L 的第二类边界条件 $\left.\frac{\partial\phi}{\partial n}\right|_L=0$。此时泛函数

$$L(\phi) = \iint_s \frac{\varepsilon}{2}\left[\left(\frac{\partial\phi}{\partial x}\right)^2 + \left(\frac{\partial\phi}{\partial y}\right)^2\right]\mathrm{d}x\mathrm{d}y - \iint_s \rho\phi\mathrm{d}x\mathrm{d}y$$

二维场域 S 被剖分为 $e_1, e_2, \cdots, e_s$ 个单元,则总泛函等于各单元泛函的代数和,即有 $L(\phi) = \sum\limits_{e_1}^{e_s} L^e(\phi)$

$$L(\phi) = \sum_{e_1}^{e_s}\left\{\frac{\varepsilon}{2}\iint_e\left[\left(\frac{\partial\phi}{\partial x}\right)^2 + \left(\frac{\partial\phi}{\partial y}\right)^2\right]\mathrm{d}x\mathrm{d}y - \iint_e \rho\phi\mathrm{d}x\mathrm{d}y\right\}$$

下面介绍直接由泛函的极值条件的求解过程,即 $\delta L(\phi) = 0$。实际上,只是结点 i 附近的单元对 ϕ_i 有影响。因此有:

$$\frac{\partial L(\phi)}{\partial\phi_i} = \frac{\partial}{\partial\phi_i}\left(\sum_{e_1}^{e_s} L^e(\phi)\right) = \frac{\partial}{\partial\phi_i}\sum_{i\text{近邻单元}}\left(L^e(\phi)\right)$$

$$= \sum_{i\text{近邻单元}} \frac{\partial L^e(\phi)}{\partial\phi_i} = 0 \tag{1-22}$$

其中

$$\frac{\partial L^e(\phi)}{\partial\phi_i} = \iint_e\left\{\varepsilon\left[\frac{\partial\phi}{\partial x}\frac{\partial}{\partial\phi_i}\left(\frac{\partial\phi}{\partial x}\right) + \frac{\partial\phi}{\partial y}\frac{\partial}{\partial\phi_i}\left(\frac{\partial\phi}{\partial y}\right)\right] - \rho\frac{\partial\phi}{\partial\phi_i}\right\}\mathrm{d}x\mathrm{d}y \tag{1-23}$$

又由式(1-21)可得:

$$\frac{\partial\phi}{\partial x} = \frac{1}{2\Delta_e}[b_i, b_j, b_m][\phi]_e$$

$$\frac{\partial\phi}{\partial y} = \frac{1}{2\Delta_e}[c_i, c_j, c_m][\phi]_e$$

代入式(1-23)可得:

$$\frac{\partial L^e(\phi)}{\partial\phi_i} = \frac{1}{(2\Delta_e)^2}\iint_e \varepsilon\{b_i[b_i, b_j, b_m] + c_i[c_i, c_j, c_m]\} \times$$

$$[\phi]_e\mathrm{d}x\mathrm{d}y - \iint_e \rho\zeta_i\mathrm{d}x\mathrm{d}y$$

对 j, m 也同样可以写成下式:

$$\frac{\partial L^e(\phi)}{\partial \phi_j} = \frac{1}{(2\Delta_e)^2}\iint_e \varepsilon\{b_j[b_i,b_j,b_m] + c_j[c_i,c_j,c_m]\} \times [\phi]_e \mathrm{d}x\mathrm{d}y - \iint_e \rho\zeta_j \mathrm{d}x\mathrm{d}y$$

$$\frac{\partial L^e(\phi)}{\partial \phi_m} = \frac{1}{(2\Delta_e)^2}\iint_e \varepsilon\{b_m[b_i,b_j,b_m] + c_m[c_i,c_j,c_m]\} \times [\phi]_e \mathrm{d}x\mathrm{d}y - \iint_e \rho\zeta_m \mathrm{d}x\mathrm{d}y$$

或写成向量式:

$$\left\{\frac{\partial L^e(\phi)}{\partial \phi}\right\} = (K)_e[\phi]_e - [P]_e \tag{1-24}$$

上式被称为单元方程。

式中,$\left\{\frac{\partial L^e(\phi)}{\partial \phi}\right\} = \left\{\frac{\partial L^e(\phi)}{\partial \phi_i},\frac{\partial L^e(\phi)}{\partial \phi_j},\frac{\partial L^e(\phi)}{\partial \phi_m}\right\}^{\mathrm{T}}$;$[K]_e$ 的矩阵元为 $K_{kl} = \frac{1}{(2\Delta_e)^2}\left[\iint \varepsilon(b_k b_l + c_k c_l)\mathrm{d}x\mathrm{d}y\right]$ $k = i,j,m;l = i,j,m$;向量$[P]_e$ 的分量为 $P_k = \iint_e \rho\zeta_k \mathrm{d}x\mathrm{d}y$ $k = i,j,m$。

1.3.2.2 综合方程

将式(1-24) 单元方程代入式(1-22) 便可以得到下列联立方程:

$$\frac{\partial L(\phi)}{\partial \phi_1} = \sum_{1\text{近邻}}\left\{\frac{1}{(2\Delta_e)^2}\varepsilon\iint_e[b_1 b_e + c_1 c_e]\mathrm{d}x\mathrm{d}y\right\}[\phi]_e - \sum_{1\text{近邻}} P_1 = 0$$

e 取 1 近邻单元的各结点

……

$$\frac{\partial L(\phi)}{\partial \phi_k} = \sum_{k\text{近邻}}\left\{\frac{1}{(2\Delta_e)^2}\varepsilon\iint_e[b_k b_e + c_k c_e]\mathrm{d}x\mathrm{d}y\right\}[\phi]_e - \sum_{k\text{近邻}} P_k = 0$$

e 取 k 近邻单元的各结点

……

$$\frac{\partial L(\phi)}{\partial \phi_n} = \sum_{n近邻}\left\{\frac{1}{(2\Delta_e)^2}\varepsilon\iint_e [b_n b_e + c_n c_e]\mathrm{d}x\mathrm{d}y\right\}[\phi]_e - \sum_{n近邻} P_n = 0 \tag{1-25}$$

e 取 n 近邻单元的各结点

又可简写成如下矩阵代数方程形式：$\left[\frac{\partial L(\phi)}{\partial \phi}\right] = 0$，

即

$$[K][\phi] - [P] = 0 \tag{1-26}$$

式中，$[\phi] = [\phi_1, \phi_2, \cdots, \phi_n]^T$；$[P] = [\sum_{1近邻} P_1, \cdots, \sum_{k近邻} P_k, \cdots, \sum_{n近邻} P_n]^T$；$[K_{kl}] = \sum_{k近邻} \frac{1}{(2\Delta_e)^2}\varepsilon\iint_e [b_k b_e + c_k c_e]\mathrm{d}x\mathrm{d}y$，$k = 1, 2, 3, \cdots, n$；$e$ 取 k 邻近单元的各结点。

这就是综合方程，它应包括全部结点，最终构成维数与网格结点总数相等的联立方程。

1.3.3　综合方程的系数矩阵形式

有限元方法中通常将所考虑的二维场域剖分为一系列的三角形元。三角形元面积不一定相等，视面积的实际形状进行剖分。图 1-4 所示的场域可以被划分为 24 个三角形元，20 个网格结点，依次顺序编号。因为 20 个结点上的未知电位分量为 20，故系数矩阵 $[K]$ 总元素为 $20^2 = 400$。

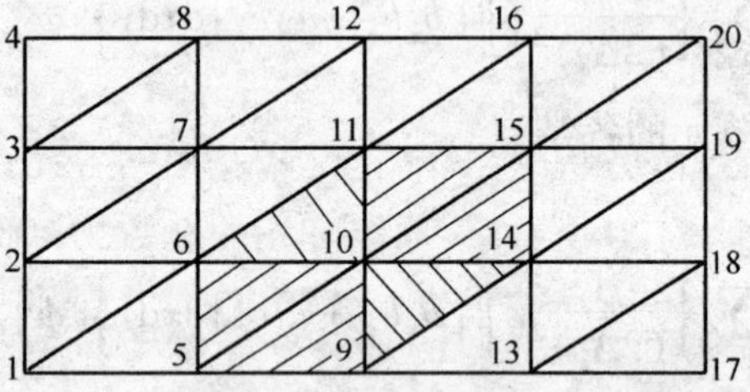

图 1-4　场域的剖分网格与结点编号

通常将剖分的网格结点编成号，第 k 结点未知势 ϕ_k 就将排在第 k 行，k 结点周围紧邻有若干(如 Q 个)与其构成三角形元的结点，每一三角形元有一个单元矩阵向量方程。因此综合方程式(1-25)的系数矩阵$[K]$的 k 行将出现 $Q+1$ 个非零项，例如图 1-4 剖分的结点 1，与其构成三角形的近邻结点为 2、5、6，因此系数矩阵$[K]$的第 1 行的 1、2、5、6 列为非零项，又如结点 6，系数矩阵的第 1、2、5、6、7、10、11 列为非零项。图 1-5 示出全部 20 行中每一行中非零元所在列数。

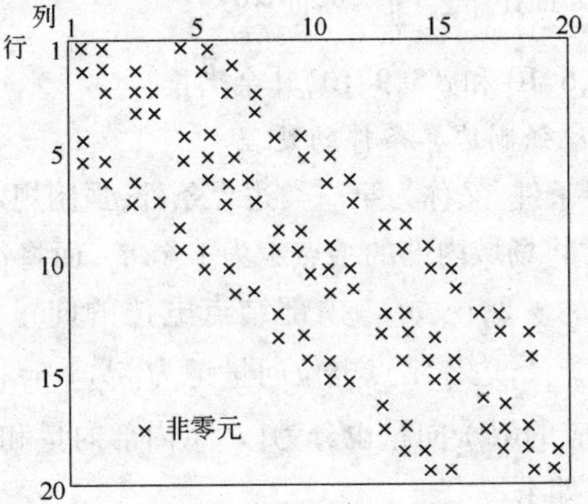

图 1-5　系数矩阵$[K]$中的非零元位置

由图1-5可以看出，系数矩阵的非零元在 $i-5$ 与 $i+5$ 之间，这一宽度称为带宽 m。本例中 $m=5$。带宽以外的各元均为零。因此用计算机解矩阵方程时，只需记忆带宽中的各元，必要的记忆量为 $M=20\times6=120$ 个数字，而矩阵元的总数为400。特别是 n 比较大时，知道这一特点，就能使必要的内存记忆量减少。有限元法中矩阵向量代数方程通常是一个对称矩阵。它的解有标准方法。而且依据变分原理，边界条件$\dfrac{\partial\phi}{\partial n}=0$，在式(1-25)的泛函 L 的极小值时则自动满足。

以 10 号结点,其周围有结点 5、6、9、10、11、14、15。涉及到最近邻 6 个单元(阴影所示)。因此图 1-5 中矩阵[K]带 × 的矩阵元肯定不为零。即有下面的一个适合结点 10 的方程

$$K_{10,5}\phi_5 + K_{10,6}\phi_6 + K_{10,9}\phi_9 + K_{10,10}\phi_{10} + K_{10,11}\phi_{11} + K_{10,14}\phi_{14} + K_{10,15}\phi_{15}$$
$$= P_{e\,6,10,11} + P_{e\,5,10,6} + P_{e\,5,9,10} + P_{e\,9,14,10} + P_{e\,10,14,15} + P_{e\,10,15,11}$$

例如,$K_{10,5} = \sum\limits_e \dfrac{1}{(2\Delta_e)^2}\varepsilon \iint\limits_e (b_{10}b_5 + c_{10}c_5)\,\mathrm{d}x\mathrm{d}y$

$$P_{e\,6,10,11} = \iint\limits_{e\,6,10,11} \rho\zeta_{10}\,\mathrm{d}x\mathrm{d}y$$

式中,$e = e\,5,6,10$ 和 $e\,5,9,10$,其余类推。

1.3.3.1　强制边界条件的处理

强制边界条件,又称为第一类边界条件,强制规定边界上的电位 ϕ 值。通常将场域内部的结点编为 1 至 n_0,而将边界上的结点编为 $n_0+1, n_0+2, \cdots, n$。内部结点电位的向量记为$[\phi_1] = [\phi_1, \phi_2, \cdots, \phi_{n_0}]^T$,边界结点电位向量记为$[\phi_2] = [\phi_{n_0+1}, \phi_{n_0+2}, \cdots, \phi_n]^T$。相应的$(P)$向量也分为$[P_1]$内部向量和$[P_2]$边界向量。综合方程如下:

$$[K][\phi] = [P] \tag{1-27}$$

方程式(1-27)就变成分块形式:

$$\begin{bmatrix} (K_{11}) & (K_{12}) \\ (K_{21}) & (K_{22}) \end{bmatrix}\begin{bmatrix} (\phi_1) \\ (\phi_2) \end{bmatrix} = \begin{bmatrix} (P_1) \\ (P_2) \end{bmatrix} \tag{1-28}$$

于是方程式(1-28)可以分别求解:

$$\begin{aligned} (K_{11})(\phi_1) &= (P_1) - (K_{12})(\phi_2) \\ (K_{21})(\phi_1) &= (P_2) - (K_{22})(\phi_2) \end{aligned} \tag{1-29}$$

当强制边界条件$(\phi_2) = (\phi_{n_0+1}, \phi_{n_0+2} \cdots, \phi_n)^T = (\phi_0, \phi_0, \cdots, \phi_0)^T = \phi_0(1,1,\cdots,1)^T$,代入式(1-29)后便可以进一步求解$(\phi_1)$。

式中,ϕ_0 为边界电位定值。

1.3.3.2 对称带形方程组的解法

对称带形矩阵$[K]$可以做如下分解:

$$[K]=[L][D][L]^T, \tag{1-30}$$

式中,L 为下半带形阵,即当 $i-j>m$ 时 $1_{i,j}=0$,$[D]$ 为对角阵,其对角线元素为 $d_{i,j}=1/1_{i,j}$,由式(1-30)可得:

$$1_{i,j}=k_{i,j}-\sum_{t=t_m}^{j-1}1_{i,t}1_{j,t}/1_{tt} \quad \begin{matrix} i=1,2,\cdots,n \\ j=t_m,\cdots,i \end{matrix}$$

$$t_m=\begin{cases} 1 & (i\leqslant m+1) \\ i-m & (i>m+1) \end{cases}$$

对列向量$[P]$也作$[P]=[L][D][\tilde{P}]$分解:

$$\tilde{P}_i=P_i-\sum_{j=tm}^{i-1}L_{i,j}\tilde{P}_j/L_{j,j} \quad i=1,\cdots,n$$

方程式(1-30)变成$[L][D][L]^T[\phi]=-[L][D][\tilde{P}]$。

即有$[L]^T[\phi]=-[\tilde{P}]$,最终解上述上三角形方程得:

$$\phi_i=-[\tilde{P}_i-\sum_{j=i+1}^{tm}L_{j,i}\phi_j]/L_{j,i} \quad i=n,n-1,\cdots,1$$

$$t_m=\begin{cases} n & i>n-m-1 \\ i+m & i\leqslant n-m-1 \end{cases}$$

式中,L 各元可以由上而下,由左至右逐个计算,最后再得到各结点的电位 ϕ_i。

1.4 静电场有限元数值计算在电流场电势分析中的应用实例

1.4.1 概述

Rymaszewski 曾提出用四探针技术测量半导体薄层电阻时可消除因探针不等距而产生误差的方法。如图 1-6 所示,设四个不

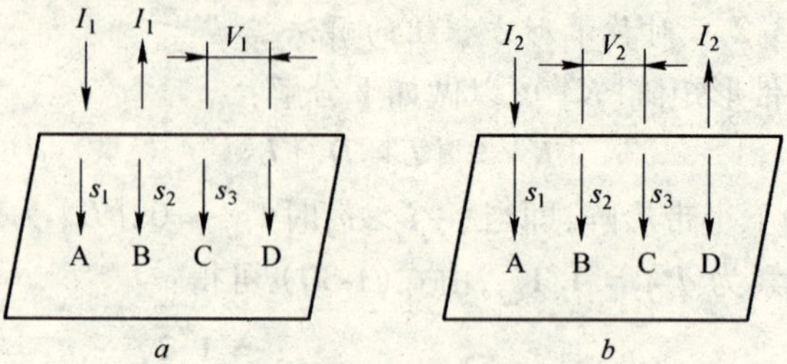

图 1-6　不等距四探针的 Rymaszewski 方法

a—A、B 为通电流探针,C、D 为测电压探针;

b—A、D 为通电流探针,B、C 为测电压探针

等距探针排成一线,位于无限大均匀导电薄层上,两次测量满足以下方程:

$$\exp\left(-\frac{2\pi R_1}{R_s}\right)+\exp\left(-\frac{2\pi R_2}{R_s}\right)=1 \qquad (1\text{-}31)$$

式中,R_s 为样品的薄层电阻,$R_1 = V_1/I_1$,$R_2 = V_2/I_2$,V_1,V_2 为两次测量中 C,D 和 B,C 探针间的电压。

式(1-31)表明,薄层电阻 R_s 只依赖于 R_1 和 R_2,与针距无关。根据式(1-31)可以导出计算薄层电阻 R_s 的公式:

$$R_s = \frac{\pi}{\ln 2}(R_1 + R_2)f(R_1/R_2) \qquad (1\text{-}32)$$

当 $I_1 = I_2 = I$ 时,

$$R_s = \frac{\pi}{\ln 2}\left(\frac{V_1 + V_2}{I}\right)f(V_1/V_2) \qquad (1\text{-}33)$$

式中, $f(V_1/V_2)$ 为 Van der Pauw 函数。

对于等距四探针而言,用 Rymaszewski 法时两次测得的电压 V_1 和 V_2 之间的关系为:

$$V_1/V_2 = 4.532/21.84$$

$$f(V_1/V_2) = 0.828$$

V_1 和 V_2 相差不超过一个数量级。在实际大样品的薄层电阻测量时,选取合适的电流值,便可保证 V_1 和 V_2 都能测准。

Van der Pauw 曾早已 Rymaszewski 提出类似的公式(适用于触点在样品边缘时的情况):

$$\exp\left(-\frac{\pi R_1}{R_s}\right)+\exp\left(-\frac{\pi R_2}{R_s}\right)=1$$

$$R_s=\frac{2\pi}{\ln 2}\left(\frac{V_1+V_2}{I}\right)f(V_1/V_2) \tag{1-34}$$

式中,R_s 是任意形状的均匀薄层电阻,当四个探针或触点位于样品边缘时,$R_1=\frac{V_1}{I}$,$R_2=\frac{V_2}{I}$,V_1、V_2 为两次测量中C、D和B、C探针的电压。我们以矩形样品为例,上述两公式都可以用电流场有限元方法予以证明。

1.4.2 原理

用 Rymaszewski 公式测定样品的方块电阻时,电流从探针 A 流入,流经样品平面后从另一探针 B 流出,如图 1-7 所示。围绕探针 A 在样品面上做一任意封闭面,由欧姆定律则有:

$$\oiint \boldsymbol{E}\cdot \mathrm{d}\boldsymbol{S}=\oiint \frac{j}{\sigma}\cdot \mathrm{d}\boldsymbol{S}=\frac{I}{\sigma}$$

式中,$\boldsymbol{E}$ 为电场强度;dS 为面元矢量;σ 为样品材料的电导率;I 为由 A 点注入并流经样品的电流强度。

图 1-7 样品面的剖分及电荷在电流流入探针 A 及流出探针 B 附近相关三角形单元中的分布(阴影区)

由奥—高定理可知，在探针 A 处有正电荷

$$q_{\mathrm{A}} = \frac{I}{\sigma} \tag{1-35}$$

同样在探针 B 处应有负电荷

$$q_{\mathrm{B}} = -\frac{I}{\sigma} \tag{1-36}$$

这样可把电流场问题转化成静电场问题进行处理，电流场中电势分布即为静电场中的电势分布，整个区域的边值问题为求解泊松方程：

$$\Delta u = -\rho_{\mathrm{e}} \tag{1-37}$$

令 $f=-\rho_{\mathrm{e}}$，则

$$\Delta u = f \tag{1-38}$$

边界条件

$$\frac{\partial u}{\partial \boldsymbol{n}} = 0$$

式中，$\boldsymbol{n}$ 为边界的单位法向矢量；ρ_{e} 为电荷的面密度。

在有限元方法中，将求解区域剖分成三角形单元。为了计算方便，假设电荷 q_{A}，q_{B} 均匀分布在探针结点周围的六个三角形单元中，设 S 为这些三角形单元面积的总和，如图 1-7 所示，则

$$\rho_{\mathrm{e}} = \begin{cases} q_{\mathrm{A}}/S & \text{（探针 A 周围的各单元）} \\ q_{\mathrm{B}}/S & \text{（探针 B 周围的各单元）} \\ 0 & \text{（其余各单元）} \end{cases}$$

有限元方法中利用变分原理将上面边值问题转换为泛函 $L(u)$ 极值问题，

$$L(u) = \int_v \frac{1}{2}(\nabla u)^2 \mathrm{d}v - \int_v fu \mathrm{d}v = \min \tag{1-39}$$

式中，边界条件 $\frac{\partial u}{\partial n}=0$ 自然满足。

区域剖分后可以得 n 各结点，其中任一点的电势 u 近似用结点电势值 $u_1, u_2, \cdots, u_n$ 展开

$$u = \sum_{i=1}^{n} u_i N_i \tag{1-40}$$

式中,N_i 为形函数或基函数,只与剖分单元形状有关。

求泛函极小值 $\delta L(u) = 0$

即
$$\frac{\partial L}{\partial u} = 0 \tag{1-41}$$

将式(1-40) 代入式(1-41) 泛函,并令泛函 $L(u)$ 对每一变量 u_i 的偏导数为零,则有

$$\sum_{i=1}^{n} S_{ij} u_i = F_i \quad (i = 1,2,\cdots,n) \tag{1-42}$$

式中,$S_{ij} = \int_v \nabla N_i \nabla N_j \mathrm{d}v$,$F_i = \int_v f N_i \mathrm{d}v$。

这是一 n 阶线性方程组,可以写成如下矩阵形式:

$$[S_{ij}] \begin{bmatrix} u_1 \\ u_2 \\ \vdots \\ u_n \end{bmatrix} = \begin{bmatrix} F_1 \\ F_2 \\ \vdots \\ F_n \end{bmatrix} \tag{1-43}$$

这样把有关电势 u 的微分方程变成关于结点电势 $u_1, u_2, \cdots, u_n$ 的线性方程组。

从自动剖分,求解线性方程组到画电流场等势线均使用《计算二维电流场电势分布软件包》。当两个通电电流探针分别置于两个结点上,求得全部结点的电势 $u_1, u_2, \cdots, u_n$ 之后,这样即可得到所设两个电压探针结点间的电势差 V。为了方便起见,将电势差以 IR_s° 为单位的 U 输出,其中 R_s° 为设置的样品的薄层电阻。令 $V = IR_s^\circ U$,代入式(1-33) 中得

$$R_s = \frac{\pi}{\ln 2}(U_1 + U_2) f(U_1/U_2) R_s^\circ = K R_s^\circ \tag{1-44}$$

$$K = \frac{\pi}{\ln 2}(U_1 + U_2) f(U_1/U_2) \tag{1-45}$$

式中，R_s 为按式（1-33）用 Rymaszewski 公式计算得到的薄层电阻。

对于有限尺寸样品，只要证明在某种情况下 K 等于 1 或接近 1，Rymaszewski 测量方法就可以在此条件下使用，否则不适用。在矩形样品条件下，改变探针离开样品边界的距离及针距，使用有限元方法计算出 Rymaszewski 方法，两次测量所得电势差 U_1 及 U_2，再用式（1-45）计算出 K 值，即可找到适用 Rymaszewski 方法的区域及条件。

1.4.3　计算结果

对长宽比为 2 倍的长方形样品进行计算，且将其长宽分别等分为 30 个和 15 个单位。因而本有限元程序将此长方形剖分为 31 × 16 个结点，900 个三角形单元，如图 1-7 所示。

1.4.3.1　四根探针位于样品中纵向边缘上的电势分布

图 1-8 示出这种情况下的电势分布。等势线与相应的边界垂直。相对于等势线，两边电势符号相反。同时图 1-8 中也给出了探针等距时使用 Rymaszewski 公式两次计算的 U_1 和 U_2 值。将它们代入式（1-45），求得 $K = 2.038$。这说明 Rymaszewski 公式方法不成立。Van der pauw（VDP）曾证明，当探针在样品边缘时，两次测量满足下列方程：

$$\exp\left(-\frac{\pi V_1}{IR_s}\right) + \exp\left(-\frac{\pi V_2}{IR_s}\right) = 1$$

$$R_s = \frac{\pi}{2\ln 2}\left(\frac{V_1 + V_2}{I}\right) f(V_1/V_2)$$

将 $V = IR_s U$ 代入上式得

$$R_s = \frac{\pi}{2\ln 2}(U_1 + U_2) f(U_1/U_2) R_s$$

将计算得到的 $U_1 = 3.53 \times 10^{-2}$，$U_2 = 0.737$ 代入上式得

$$R_s = 1.019 R_s^{\circ} \approx R_s^{\circ}$$

故用 VDP 公式计算出的薄层电阻 R_s 此时正好等于设置的薄层电阻。另外，也计算了探针不等距的各种情况，使用 Rymaszewski 公式计算的结果 K 值均在 2.03～2.059 之间，Rymaszewski 公式不成立，恰好满足 VDP 方程。表明我们的计算结果与 VDP 理论一致。这说明四根探针在样品边缘的情况下 VDP 理论的正确性。而且也与实验结果一致，说明有限元理论的正确性。

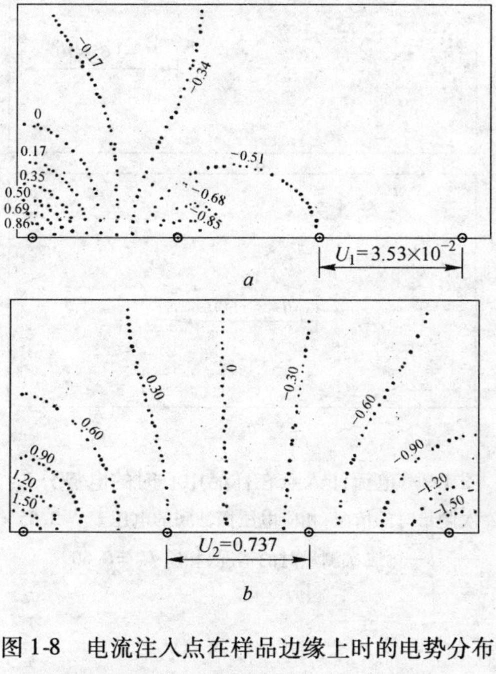

图 1-8 电流注入点在样品边缘上时的电势分布

a—第一次测量时的情况，相应电压探针间的电压 $U_1 = 3.53 \times 10^{-2}$；

b—第二次测量时的情况，相应 $U_2 = 0.737$

1.4.3.2 四根探针在中心线时的电场分布

图 1-9 示出这种情况下的电势分布。等势线与相应边界垂直。相对于等势线，两边电势符号相反，图 1-9 也给出了探针等距离时使用 Rymaszewski 公式两次计算得到的 U_1 和 U_2 值。两者相

差约三个数量级。将它们代入式(1-45),求得 $K=1.009$。同时也对不同间距的等距探针情况进行了计算。使用 Rymaszewski 公式计算的结果,K 在 1 ~ 1.009 之间,说明 Rymaszewski 公式成立。另外,也对长宽比为 5 倍的长方形进行了计算。在针距与长方形宽之比小于 1 的条件下,K 值在 1 ~ 1.030 之间。我们认为 Rymaszewski 公式在此条件下成立。

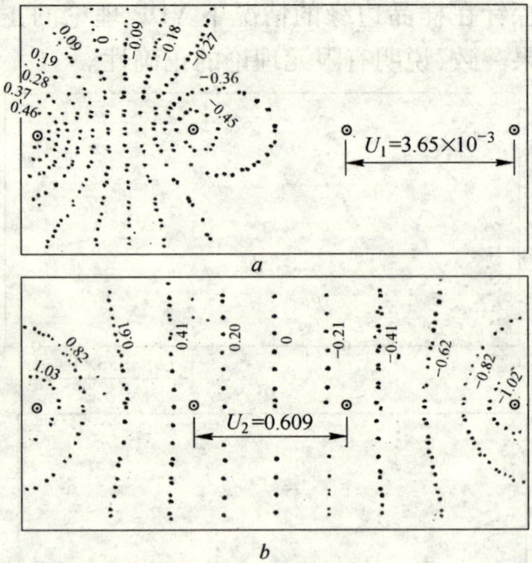

图 1-9　电流注入点在样品中心时的电势分布

a—第一次测量时的情况,相应电压探针间的电压 $U_1=3.65\times10^{-3}$;

b—第二次测量时的情况,相应 $U_2=0.609$

2 应力场数值计算有限元方法

2.1 有限元应力分析概述

几乎所有 MEMS 和微系统都有复杂的三维几何形状。由于这些器件在高温和受力条件下使用,并且在操作中受到较大的加载,有限元方法是唯一能获得有效解的方法。下面是这种方法的简短介绍。

2.1.1 原理

实质上,有限元方法(FEM)的原理是“离散求解”。有限元分析的第一步是把整个由连续介质组成的固体结构分成数量有限的指定形状单元,它们之间依靠单元边和指定的所谓结点相互连接。单元几何形状的种类一般从大多数商业程序提供的单元库中可以得到。

一旦结构被分隔成很多单元(这种方法被称为离散化),就要对这些单元而不是整个结构执行工程分析。在单元中获得的解可以组合得到整个结构的相关解。

有限元分析(FEA)可使结构离散化而得到有效解,这需要遵循两种原则:

(1)在结构的几何形状发生突变的部分应划分更密和更小的单元,因为它们是应力和应变集中发生的地方。

(2)避免使用高长宽比的单元。长宽比被定义为同一单元里最长的尺寸与最短尺寸的比例,建议使用者保持长宽比在 10 以下。

图 2-1 表示一个微型压力传感器的硅片/振动膜/约束层的

离散化，由于对称组合，所以硅片只有四分之一被包括在有限元分析中。

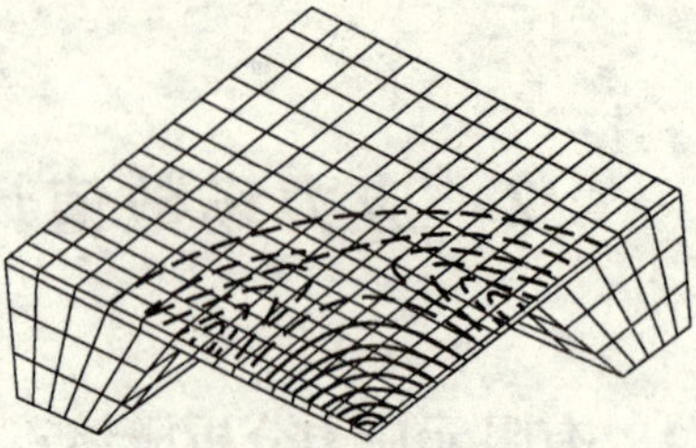

图 2-1　微型压力传感器的离散化
—张应力；---压应力

2.1.2　FEA 的输入信息

2.1.2.1　一般信息

(1) 结构几何形状轮廓。

(2) 建立坐标。$x-y$ 平面，$r-z$ 柱坐标，$x-y-z$ 三维几何空间。

2.1.2.2　进行 FE 网络化

为了自动生成网络，使用者经常指定特定区域里结点和单元的密度。FE 分析的信息包括：结点数、结点的坐标、结点的条件(例如约束、外力)、单元数、单元说明(例如包含的结点)。

2.1.2.3　输入材料属性

(1)在应力分析中：约束结点的位移(例如 x、y、z 三个方向)，指定结点的集中力，或者在指定单元边界面的压力。

(2)在热传导分析中：在指定结点的给定温度，或者在指定边界面上的热流量，或者在指定单元表面的对流和辐射条件。

2.1.3　应力分析的输出信息

(1)结点和单元的信息。

(2)结点位移。

(3)每个单元的应力和应变：

1)在 x、y 和 z 方向上的正应力。

2)在 xy、xz 和 yz 平面上的切应力。

3)正应力和切应力。

4)最大和最小主应力。

5)von Mises 应力，定义为：

$$\bar{\sigma}=\frac{1}{\sqrt{2}}[(\sigma_{xx}-\sigma_{yy})^2+(\sigma_{xx}-\sigma_{zz})^2+(\sigma_{yy}-\sigma_{zz})^2+6(\sigma_{xy}^2+\sigma_{yz}^2+\sigma_{zx}^2)]^{1/2}$$

式中，σ_{xx}、σ_{yy}和σ_{zz}分别是沿x、y和z轴的正应力；σ_{xy}、σ_{yz}和σ_{zx}分别是单元的切应力。

von Mises 应力被使用作为多轴应力条件的等效应力。通过它与塑性变形中的屈服强度或材料断裂时的极限抗拉强度相比较。

2.1.4 图形输出

所有商用有限元分析程序都提供如下形式的图形输出：

(1)结构的实体模型。

(2)使用者输入已经有限元网络化的离散的实体结构，例如图 2-1 所示的微型压力传感器芯片。

(3)结构变形的或没有变形的实体模型。

(4)用不同色彩分类的区域来表示指定结构平面的应力、应变和位移的分布。

(5)用不同色彩分类的区域来表示其他要求输出量，例如结构的温度或压力。

(6)在指定操作条件下用动画显示结构的运动或变形。

2.1.5 总评

MEMS 和微系统工业广泛采用有限元方法(FEM)进行设计分析和系统仿真。但是，使用者须知道一些与 MEMS 和微系统设计分析仿真有关的特定的情况：

(1) 需要知道 FEM 只能提供被分析问题的近似解。使用者灵活地使用有限元程序能得到有效解。在离散化模式里并建立适当载荷和边界条件。例如压力加载需要被转换成相应边界面上适当结点的集中力。

(2)我们必须确定输入材料属性的可靠性。由于 MEMS 和微系统工业的历史相对短暂,所以缺乏大多产品材料的热物理性质。因此,提醒使用者应小心选择输入到有限元分析中的材料属性。

(3)除非另外指定,使用者应该知道,大多数商业目的有限元软件是在连续理论的基础上开发的。但它们对亚微米级的 MEMS 和微系统组件不适用。商业有限元程序因此不能不在亚微米级的 MEMS 和微系统设计分析中受到限制。

(4)预测由多层薄膜形成的元件或不同材料连接的微系统和 MEMS 的机械行为很困难。这些元件的装配产生不可避免的残余应力和固有应力。当在设计分析中使用商业有限元程序的时候应意识到这种现象。

尽管上述有限元程序存在技术缺点,它们仍然是唯一可用的 MEMS 和微系统设计和仿真的方法。使用者需要有这个工具丰富的知识,同时需要知道它的局限性。

2.1.6 ANSYS 的分析例子

下面分析的是一个正方形板,圆环在受压力时的受力情况,因为正方形,圆环是严格对称的,我们把正方形沿对角线分割成四个三角形,对其中一个三角形分析受力,得出结果后再映射到整个正方形。所以我们在建模时只建立一个三角形即可。

第一步:定义单元类型

我们选择实体单元类型,定义为 structural solid/Brick 8node45。

第二步:定义材料属性

在这个过程中我们把模型定义为各向同性线形材料,例如普通钢材的杨氏模量为 2E5,泊松比为 0.3。

第三步:实体建模

我们建立一个等腰直角三角形(也就是正方形沿对角线分割开,取其中 1/4 份)先建立一个平面三角形,把上顶点割下一小块作为受力的部位,这样这个三角形就成了一个上边极小的梯形,从上面施加均布力。又设它是一个有厚度的实体模型。

第四步:划分网络,生成单元

这是有限元分析中最重要的一步,也就是确定计算结果及其精度的一步。在这里我们用自动划分并填写划分网络的大小。因为这里分析是一个较简单的模型,所以我们没再细化,在一些大的工程分析时我们可以在一些需要注意的地方和要求较高的地方(例如应力较大或空间变化较大的地方)进行较细的划分,来提高精度,使分析更加接近真实值,这也是最能体现工程分析人员能力的一个环节。

第五步:施加位移约束和载荷

对实体施加位移约束时我们对下底面施加 Y 轴向位移约束,对直角侧面施加 X 轴向位移约束。对上底面施加均布力。

第六步:求解

对模型进行求解得到受力分布图。

第七步:后处理

我们把此模型分析得到的结果按对称规律得到正方形,圆环分别在受挤压力和沿铅直径向集中力时的最大剪切应力的分布图,如图 2-2、图 2-3,图 2-4 所示。

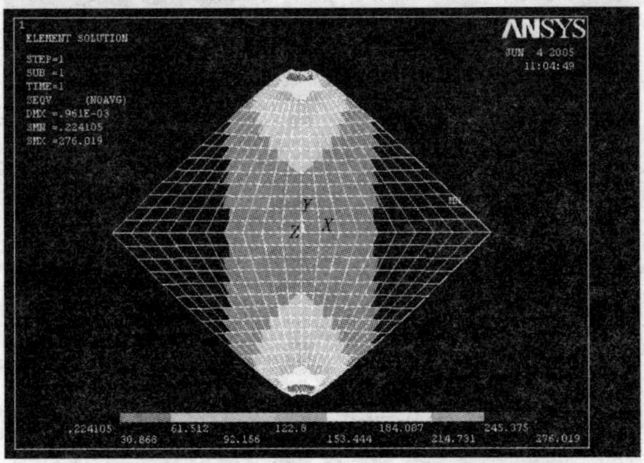

图 2-2 受力面在 z 轴为 0.2cm 的方板的剪切应力分布图

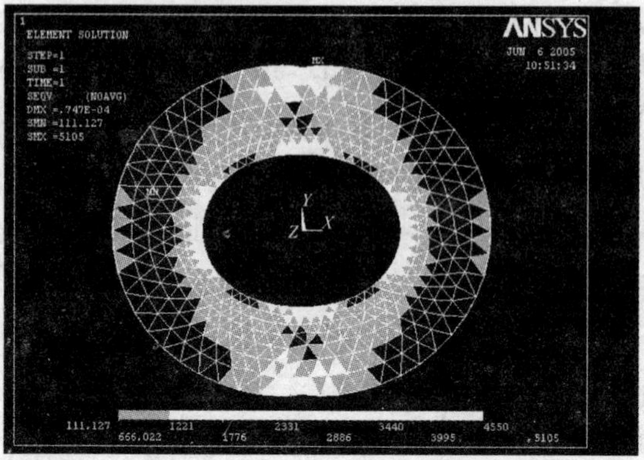

图 2-3　受铅直径向集中力圆环，其内外径之比
$\alpha = 0.5$ 时剪切应力分布图

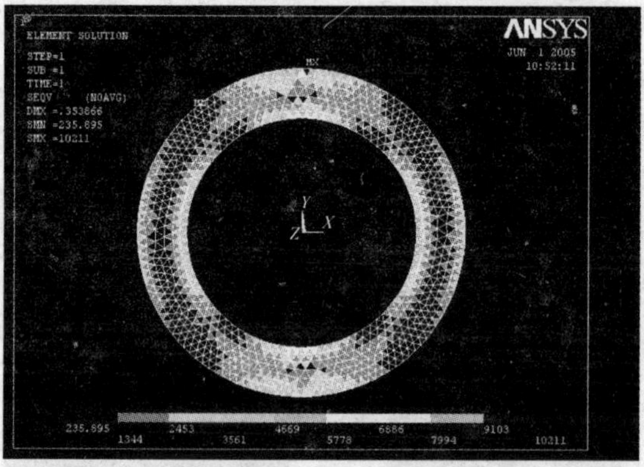

图 2-4　受铅直径向集中力圆环，其内外径之比
$\alpha = 0.7$ 时的剪切应力分布图

2.2　ANSYS 软件在硅岛膜电容式 MEMS 压力传感器设计中的应用

2.2.1　ANSYS 力学分析步骤

第一步：建立模型。

指定文件名，分析标题，定义单元类型，定义单元常量，定义材

料性质，生成实体几何模型，划分网络，生成单元。

第二步：施加位移约束和载荷。

特别应根据实际指定边界和位移情况。

第三步：求解得到应力分布图，位移分布图。

应力又分为主应力，切应力，第一主应力，第二主应力和最大剪切应力。最大剪切应力可表明最早发生屈服形变的地点。平面应变场中最大剪切应力 $\tau_{\max}$ 与第一和第二主应力 p_1 和 p_2 的关系为：$\tau_{\max} = \frac{1}{2}(p_1 - p_2)$。

ANSYS 是计算机辅助工程分析中一套应用广泛的工程分析软件，它可应用于不同领域，如机械、航天、土木、电子等。它的有限元软件包是一个多用途的有限元法计算机设计程序，可用来解决结构、流体、电力、电磁场问题。李晔辰等将 ANSYS 软件应用在 MEMS 设计中，分析硅岛膜在受力后的位移变化，取得硅岛膜的最佳尺寸，以满足电容式压力传感器电容变化与压力成正比的要求。

2.2.2 问题的提出

目前市场上力敏传感器大部分采用的是压阻结构，但压阻结构在某些应用场合下压力灵敏度明显偏低，且较大而又分散的温度特性给使用带来麻烦，因而现在人们在努力研制硅电容式压力传感器。该种传感器有压力灵敏度高、温度漂移低、功耗小等优点，但如何在结构上有效地消除或减少电容值与压力间的非线性是该研究的一大难题。

以往的电容压力膜片为平膜，这使可动电极板（硅平膜）上各点的挠度不同，所以一般输出都存在着较大的非线性。现在，人们开始设想采用岛膜结构，也就是中心岛膜方形结构，见图 2-5。这种结构的优点是，当岛膜受到压力时，岛能够近乎平行地移动，从而能够实现压力与电容倒数之间的大致线性关系，为后续电路的线性补偿带来了方便。然而，现在的问题就是 a 与 b（见图 2-5）的关系如何确定。试想一下，若 a 不接近于 b，则岛能够很好地平行移动，但会缩小电容的相对面积或增大了敏感元件的尺寸。若用佳取值就为 3.5mm。

利用 ANSYS 软件对电容压力敏感元件的岛膜进行了力学分析，给出不同岛膜尺寸在作用力下中心和边缘处的位移，这为力敏元件的研制提供了理论依据。由此可见，ANSYS 是一个相当不错的工程分析软件，它可以降低设计成本，缩短设计时间，减少工程设计人员的负担等。可以说 ANSYS 是必不可少的工程分析软件。

2.3　MEMS 弹性膜的二维有限元应力计算原理

2.3.1　弹性膜的有限元剖分

将微机械元件膜剖分成如图 2-6 所示的矩形网格。对网格的结点按单元顺序进行编码。例如原点附近的单元四个结点的编号 i、j、m、p，其相应坐标为 $(-a,-b)$、$(a,-b)$、(a,b)、$(-a,b)$。矩形的边长分别为 $2a$,$2b$。

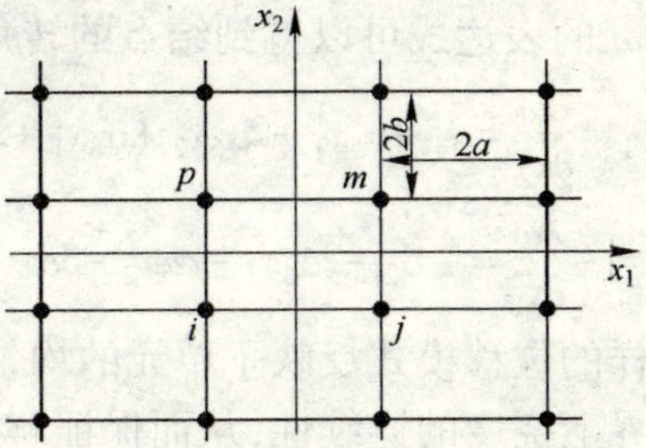

图 2-6　弹性膜的二维剖分

2.3.1.1　单元上结点的位移向量表示式

每一个结点的位移由三个坐标方向上的位移分量 R_1R_2 及 ω 所组成。在 x_3 方向的线位移 ω 便是结点的挠度。结点在 x_1 坐标方向的位移 R_1 与单元绕 x_2 轴的转角 θ_2（按右手螺旋法则）有关：

$$\theta_2 = -\mathrm{d}\omega/\mathrm{d}x_1 \tag{2-1}$$

同理，结点在 x_2 坐标方向的位移 R_2 与单元绕 x_1 轴转角 θ_1 有关：

$$\theta_1 = \mathrm{d}\omega/\mathrm{d}x_2 \tag{2-2}$$

因此结点 i 的位移也可用 ω_i、θ_{1i}、θ_{2i} 来描述。单元各结点的位移便组成一个相应单元位移列阵向量

$$\{\delta\}^{e} = [\omega_i\theta_{1i}\theta_{2i} \mid \omega_j\theta_{1j}\theta_{2j} \mid \omega_m\theta_{1m}\theta_{2m} \mid \omega_p\theta_{1p}\theta_{2p}]^T \tag{2-3}$$

2.3.1.2　挠度表示式

弹性膜形变后的挠度 ω 与 x_3 无关，只与 x_1 和 x_2 坐标有关。又考虑到矩形单元有 12 个自由度，因此 ω 可以表达为如下 x_1、x_2

的函数：

$$\omega=\alpha_1+\alpha_2x_1+\alpha_3x_2+\alpha_4x_1^2+\alpha_5x_1x_2+\alpha_6x_2^2+\alpha_7x_1^3 +\alpha_8x_1^2x_2+\alpha_9x_1x_2^2+\alpha_{10}x_2^3+\alpha_{11}x_1^3x_2+\alpha_{12}x_1x_2^3 \tag{2-4}$$

式中，α_1、α_2，…，α_{12}为待选定的 12 个常数。将式(2－4)写成矩阵形式则

$$\omega=[N(x_1x_2)]_{1\times12}\{\alpha\}_{12\times1} \tag{2-5}$$

式中，$N(x_1x_2)=[1x_1x_2x_1^2x_1x_2x_2^2x_1^3x_1^2x_2x_1x_2^2x_2^3x_1^3x_2x_1x_2^3]$

$$\{\alpha\}=\{\alpha_1\alpha_2\alpha_3\alpha_4\alpha_5\alpha_6\alpha_7\alpha_8\alpha_9\alpha_{10}\alpha_{11}\alpha_{12}\}^T$$

由 ω 的表达式可以得到结点的转角表示式：

$$\theta_1=\frac{\partial\omega}{\partial x_2}=\alpha_3+\alpha_5x_1+2\alpha_6x_2+\alpha_8x_1^2+2\alpha_9x_1x_2+3\alpha_{10}x_2^2+\alpha_{11}x_1^3+3\alpha_{12}x_1x_2^2$$

$$\theta_2=-\frac{\partial\omega}{\partial x_1}=-\alpha_2-2\alpha_4x_1-\alpha_5x_2-3\alpha_7x_1^2-2\alpha_8x_1x_2-\alpha_9x_2^2-3\alpha_{11}x_1^2x_2-\alpha_{12}x_2^2$$

这样的位移模式反映了单元的均匀变形状态以及相邻单元在公共边界上挠度的连续性，从而保证解得收敛。

将 ω、θ_1、θ_2 三式中代入结点 i,j,m,p 的坐标，便可得到 i,j,m,p 单元的位移：

$$\{\delta\}^e=\begin{Bmatrix}\omega_i\\ \theta_{1i}\\ \theta_{2i}\\ \hline \omega_j\\ \theta_{1j}\\ \theta_{2j}\\ \hline \omega_m\\ \theta_{1m}\\ \theta_{2m}\\ \hline \omega_p\\ \theta_{1p}\\ \theta_{2p}\end{Bmatrix}=$$

(2-5)的逆变式可以得到：

$$\{\alpha\} = [A]^{-1}\{\delta\}^{e} \tag{2-6}$$

式中，$[A]^{-1}$的展开式

$$[A]^{-1} = \frac{1}{8}\times$$

$$\left[\begin{array}{ccc:ccc:ccc:ccc}
 & i & & & j & & & m & & & p & \\
2 & b & -a & 2 & b & a & 2 & -b & a & 2 & -b & -a \\
-\frac{3}{a} & -\frac{b}{a} & 1 & \frac{3}{a} & \frac{b}{a} & 1 & \frac{3}{a} & -\frac{b}{a} & 1 & -\frac{3}{a} & \frac{b}{a} & 1 \\
-\frac{3}{b} & -1 & \frac{a}{b} & -\frac{3}{b} & -1 & \frac{a}{b} & \frac{3}{b} & -1 & -\frac{a}{b} & \frac{3}{b} & -1 & -\frac{a}{b} \\
0 & 0 & \frac{1}{a} & 0 & 0 & -\frac{1}{a} & 0 & 0 & -\frac{1}{a} & 0 & 0 & \frac{1}{a} \\
\frac{4}{ab} & \frac{1}{a} & -\frac{1}{b} & -\frac{4}{ab} & -\frac{1}{a} & -\frac{1}{b} & \frac{4}{ab} & -\frac{1}{a} & \frac{1}{b} & -\frac{4}{ab} & \frac{1}{a} & \frac{1}{b} \\
0 & -\frac{1}{b} & 0 & 0 & -\frac{1}{b} & 0 & 0 & \frac{1}{b} & 0 & 0 & \frac{1}{b} & 0 \\
\frac{1}{a^3} & 0 & -\frac{1}{a^2} & -\frac{1}{a^3} & 0 & -\frac{1}{a^2} & -\frac{1}{a^3} & 0 & -\frac{1}{a^2} & -\frac{1}{a^3} & 0 & -\frac{1}{a^2} \\
0 & 0 & -\frac{1}{ab} & 0 & 0 & \frac{1}{ab} & 0 & 0 & -\frac{1}{ab} & 0 & 0 & \frac{1}{ab} \\
0 & \frac{1}{ab} & 0 & 0 & -\frac{1}{ab} & 0 & 0 & \frac{1}{ab} & 0 & 0 & -\frac{1}{ab} & 0 \\
\frac{1}{b^3} & \frac{1}{b^2} & 0 & \frac{1}{b^3} & \frac{1}{b^2} & 0 & -\frac{1}{b^3} & \frac{1}{b^2} & 0 & -\frac{1}{b^3} & -\frac{1}{b^2} & 0 \\
-\frac{1}{a^3b} & 0 & \frac{1}{a^2b} & \frac{1}{a^3b} & 0 & \frac{1}{a^2b} & -\frac{1}{a^3b} & 0 & -\frac{1}{a^2b} & \frac{1}{a^3b} & 0 & -\frac{1}{a^2b} \\
-\frac{1}{ab^3} & -\frac{1}{ab^2} & 0 & \frac{1}{ab^3} & \frac{1}{ab^2} & 0 & -\frac{1}{ab^3} & \frac{1}{ab^2} & 0 & \frac{1}{ab^3} & -\frac{1}{ab^2} & 0
\end{array}\right] \tag{2-7}$$

将式(2-6)$\{\alpha\}$的表达式代入挠度ω的表达式(2-4)，便可以得到任何一点(x_1, x_2)的挠度：

$$\omega = [N(x_1,x_2)][A]^{-1}\{\delta\}^{e} =$$

$$[1, x_1, x_2, x_1^2, x_1x_2, x_2^2, x_1^3, x_1^2x_2, x_1x_2^2, x_2^3, x_1^3x_2, x_1x_2^3][A]^{-1}\{\delta\}^{e}$$

$N(x_1, x_2)$与$[A]^{-1}$中各列相乘之后可以得到：

$$\begin{aligned}
\omega &= \Big[[N_i \quad N_{1i} \quad N_{2i}] \quad [N_j \quad N_{1j} \quad N_{2j}] \\
&\qquad [N_m \quad N_{1m} \quad N_{2m}] \quad [N_p \quad N_{1p} \quad N_{2p}] \Big]\{\delta\}^{e} \\
&= \Big[[N_i][N_j][N_m][N_p] \Big]\{\delta^{e}\}
\end{aligned} \tag{2-8}$$

式中，$N_r = \frac{1}{8}\left(1+\frac{x_1}{x_{1r}}\right)\left(1+\frac{x_2}{x_{2r}}\right)\times\left[2+\frac{x_1}{x_{1r}}\left(1-\frac{x_1}{x_{1r}}\right)+\frac{x_2}{x_{2r}}\left(1-\frac{x_2}{x_{2r}}\right)\right]$

$$\left.\begin{aligned}
N_{1r} &= -\frac{1}{8}x_{2r}\left(1+\frac{x_1}{x_{1r}}\right)\left(1+\frac{x_2}{x_{2r}}\right)^2\left(1-\frac{x_2}{x_{2r}}\right) \\
N_{2r} &= \frac{1}{8}x_{1r}\left(1+\frac{x_1}{x_{1r}}\right)^2\left(1+\frac{x_2}{x_{2r}}\right)\left(1-\frac{x_1}{x_{1r}}\right)
\end{aligned}\right\} \tag{2-9}$$

式中，$\{\delta\}^e$ 为 i,j,m,p 单元的结点位移，x_{1r},x_{2r} 为结点 $r(r=i,j,m,p)$ 的坐标。式(2-8)说明，弹性膜上坐标为 x_1,x_2 的任何一点的挠度可以用 i,j,m,p 单元结点的位移$\{\delta\}^e$ 及结点相应的坐标来表示。

将式(2-8)简化后可以表示成：

$$\omega=[N]\{\delta\}^e \tag{2-10}$$

2.3.1.3　用结点位移表示弯扭矩形变$\{r\}$及应力$\{\sigma\}$

$$\{r\}=\left\{-\frac{\partial^2\omega}{\partial x_1^2}\quad-\frac{\partial^2\omega}{\partial x_2^2}\quad-2\frac{\partial^2\omega}{\partial x_1\partial x_2}\right\}^T=\begin{bmatrix}-\dfrac{\partial^2[N]}{\partial^2 x_1^2}\\ -\dfrac{\partial^2[N]}{\partial^2 x_2^2}\\ -2\dfrac{\partial^2[N]}{\partial x_1\partial x_2}\end{bmatrix}\{\delta\}^e=$$

$$\begin{bmatrix}-\dfrac{\partial^2[N_i]}{\partial^2 x_1^2} & -\dfrac{\partial^2[N_j]}{\partial^2 x_1^2} & -\dfrac{\partial^2[N_m]}{\partial^2 x_1^2} & -\dfrac{\partial^2[N_p]}{\partial^2 x_1^2}\\ -\dfrac{\partial^2[N_i]}{\partial^2 x_2^2} & -\dfrac{\partial^2[N_j]}{\partial^2 x_2^2} & -\dfrac{\partial^2[N_m]}{\partial^2 x_2^2} & -\dfrac{\partial^2[N_p]}{\partial^2 x_2^2}\\ -2\dfrac{\partial^2[N_i]}{\partial x_1\partial x_2} & -2\dfrac{\partial^2[N_j]}{\partial x_1\partial x_2} & -2\dfrac{\partial^2[N_m]}{\partial x_1\partial x_2} & -2\dfrac{\partial^2[N_p]}{\partial x_1\partial x_2}\end{bmatrix}\{\delta\}^e=$$

$$\left[[B_i][B_j][B_m][B_p]\right]\{\delta\}^e=[B]\{\delta\}^e \tag{2-11}$$

其中

$$[B_r]=\begin{bmatrix}-\dfrac{\partial^2[N_r]}{\partial^2 x_1^2} & -\dfrac{\partial^2[N_{1r}]}{\partial^2 x_1^2} & -\dfrac{\partial^2[N_{2r}]}{\partial^2 x_1^2}\\ -\dfrac{\partial^2[N_r]}{\partial^2 x_2^2} & -\dfrac{\partial^2[N_{1r}]}{\partial^2 x_2^2} & -\dfrac{\partial^2[N_{2r}]}{\partial^2 x_2^2}\\ -2\dfrac{\partial^2[N_r]}{\partial x_1\partial x_2} & -2\dfrac{\partial^2[N_{1r}]}{\partial x_1\partial x_2} & -2\dfrac{\partial^2[N_{2r}]}{\partial x_1\partial x_2}\end{bmatrix}\quad r=i,j,m,p \tag{2-12}$$

因为 N_r,N_{1r},N_{2r} 是弹性膜上任何一点坐标 x_1,x_2 及 i,j,m,p 结点坐标的函数，因此$[B_r]$也是 x_1,x_2 及 x_{1r},x_{2r} 的函数。将式(2-9)代入便可得到$\{B_r\}$。弹性膜上的应力$\{\sigma\}$及弯扭矩$\{M\}$与弯扭矩形变$\{r\}$存在如

下关系：

$$\{\sigma\}=x_3[D]\{r\},\{M\}=\frac{t^3}{12}[D]\{r\}=[D_f]\{r\}$$

式中，t 为膜厚度；$[D]$为刚度矩阵：

$$[D]=\frac{E}{1-v^2}\begin{bmatrix}1 & v & 0\\ v & 1 & 0\\ 0 & 0 & \frac{1-v}{2}\end{bmatrix}$$

将$\{r\}$表示式(2-11)分别代入上面各式便可得到：

$$\{M\}=[D_f]\{r\}=[D_f][B]\{\delta\}^e \tag{2-13}$$

$$\{\sigma\}=\frac{12}{t^3}x_3\{M\}=\frac{12}{t^3}[D_f][B]\{\delta\}^e \tag{2-14}$$

也就是说，弹性膜上任何一点的弯扭矩$\{M\}$以及应力$\{\sigma\}$都可以由该点的坐标 x_1，x_2 以及 i，j，m，p 单元的结点坐标 x_{1r}，x_{2r}以及结点的位移向量$\{\delta\}^e$ 得到。因此归根结底要求得到$\{\delta\}^e$。

2.3.2　虚功原理的应用

外力做的虚功等于虚弹性形变功，这便是弹性力学中的虚功原理。基于这一原理的虚功方程立起形变体中的应力与外力的关系，方可由外力得到应力或应变。如图2-7 所示的单元，结点 i，j，m，p 上的位移为：

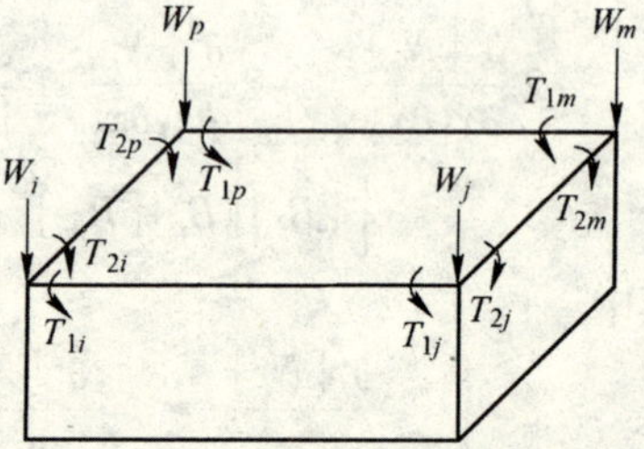

图 2-7　单元体的位移及相应力

$$\{\delta\}^e=[\omega_i\theta_{1i}\theta_{2i}|\omega_j\theta_{1j}\theta_{2j}|\omega_m\theta_{1m}\theta_{2m}|\omega_p\theta_{1p}\theta_{2p}]^T$$

产生此位移的相应纵向力和扭矩为：

$$\{F\}^e=\{W_i\quad T_{1i}\quad T_{2i}|W_j\quad T_{1j}\quad T_{2j}|W_m\quad T_{1m}\quad T_{2m}|W_p\quad T_{1p}\quad T_{2p}\}^T$$

已在图 2-7 中明确表示出。外力在结点上产生相应位移所做的虚功应为：

$$\{\delta\}^{eT}\{F\}^e=\omega W+\theta_1 T_1+\theta_2 T_2=$$

$$[\omega_i W_i + \theta_{1i} T_{1i} + \theta_{2i} T_{2i}] + [\omega_j W_j + \theta_{1j} T_{1j} + \theta_{2j} T_{2j}] +$$
$$[\omega_m W_m + \theta_{1m} T_{1m} + \theta_{2m} T_{2m}] + [\omega_p W_p + \theta_{1p} T_{1p} + \theta_{2p} T_{2p}]$$

虚功是作为弹性应变能贮存在弹性体中的。正应力 σ_{11} 做的功为：

$$\int_{-\frac{t}{2}}^{+\frac{t}{2}} \sigma_{11} e_{11} \mathrm{d}x_3 = -\int_{-\frac{t}{2}}^{+\frac{t}{2}} \sigma_{11} x_3 \frac{\partial^2 \omega}{\partial x_1^2} \mathrm{d}x_3 = -M_1 \frac{\partial^2 \omega}{\partial x_1^2}$$

正应力 σ_{22} 做的功为：

$$\int_{-\frac{t}{2}}^{+\frac{t}{2}} \sigma_{22} e_{22} \mathrm{d}x_3 = -\int_{-\frac{t}{2}}^{+\frac{t}{2}} \sigma_{22} x_3 \frac{\partial^2 \omega}{\partial x_2^2} \mathrm{d}x_3 = -M_2 \frac{\partial^2 \omega}{\partial x_2^2}$$

切应力 σ_{12} 做的功为：

$$\int_{-\frac{t}{2}}^{+\frac{t}{2}} \sigma_{12} e_{12} \mathrm{d}x_3 = -\int_{-\frac{t}{2}}^{+\frac{t}{2}} \sigma_{12} x_3 \frac{\partial^2 \omega}{\partial x_1 \partial x_2} \mathrm{d}x_3 = -M_{12} \frac{\partial^2 \omega}{\partial x_1 \partial x_2}$$

则整个单元的虚功方程为：

$$\{\delta\}^{eT} \{F\}^{\mathrm{e}} = \iint_A \{r\}^T \{M\} \mathrm{d}x_1 \mathrm{d}x_2 \tag{2-15}$$

式中，$\{r\}^T = \left\{ -\frac{\partial^2 \omega}{\partial x_1^2} \quad -\frac{\partial^2 \omega}{\partial x_2^2} \quad -2\frac{\partial^2 \omega}{\partial x_1 \partial x_2} \right\}$

$$\{M\} = \{M_1 \quad M_2 \quad M_{12}\}^T$$

方程式(2-15)右端为全部应力所做的虚功在单元体中的总和。将前面式(2-11)：

$$\{r\} = [B]\{\delta\}^{\mathrm{e}}$$

代入式(2-15)，于是有

$$\{\delta\}^{eT} \{F\}^{\mathrm{e}} = \iint_A \{\delta\}^{eT} [B]^T \{M\} \mathrm{d}x_1 \mathrm{d}x_2 \tag{2-16}$$

因为式(2-16)是单元内的积分，$\{\delta\}^{eT}$ 可看成是常量，移至积分符号外，于是有

$$\{\delta\}^{eT} \{F\}^{\mathrm{e}} = \{\delta\}^{eT} \iint_A [B]^T \{M\} \mathrm{d}x_1 \mathrm{d}x_2 \tag{2-17}$$

所以

$$\{F\}^{\mathrm{e}} = \iint_A [B]^T \{M\} \mathrm{d}x_1 \mathrm{d}x_2 \tag{2-18}$$

2.3.3　单元刚度方程与整体刚度方程

2.3.3.1　单元刚度方程

将式(2-13)$\{M\} = [D_f][B]\{\delta\}^e$代入式(2-18)中，又将单元位移$\{\delta\}^e$移到积分符号外，便得到

$$\{F\}^e = \iint_A \underset{12\times3}{[B]^T}\ \underset{3\times3}{[D_f]}\ \underset{3\times12}{[B]}\mathrm{d}x_1\mathrm{d}x_2\{\delta\}^e \tag{2-19}$$

将积分式用$[K]^e_{12\times12}$矩阵表示：

$$[K]^e = \iint_A [B]^T[D_f][B]\mathrm{d}x_1\mathrm{d}x_2 \tag{2-20}$$

则式(2-19)简化为：

$$\{F\}^e = [K]^e\{\delta\}^e \tag{2-21}$$

这一式被称为单元刚度方程，描述了结点力向量与其位移向量之间的关系。$[K]^e$越大，则由结点力向量所产生的结点位移越小，故$[K]^e$被称为刚度矩阵。刚度矩阵只与单元尺寸大小、材料性质(E,v)、膜的厚度t有关，决定了材料的刚性。而与单元所在位置无关。由式(2-20)可以看出，单元刚度矩阵可由积分式算出。由式(2-11)知$[B] = [[B_i][B_j][B_m][B_p]]$，则单元的刚度矩阵可表示为：

$$[K]^e = \begin{bmatrix} [K^e_{ii}] & [K^e_{ij}] & [K^e_{im}] & [K^e_{ip}] \\ [K^e_{ji}] & [K^e_{jj}] & [K^e_{jm}] & [K^e_{jp}] \\ [K^e_{mi}] & [K^e_{mj}] & [K^e_{mm}] & [K^e_{mp}] \\ [K^e_{pi}] & [K^e_{pj}] & [K^e_{pm}] & [K^e_{pp}] \end{bmatrix} \tag{2-22}$$

其中子块即

$$[K^e_{rs}] = \int_{-a}^{a}\int_{-b}^{b}[B_r]^T[D^f][B_s]\mathrm{d}x_1\mathrm{d}x_2 \qquad r,s = i,j,m,p \tag{2-23}$$

2.3.3.2　非结点载荷的处理

微机械的弹性膜上承受着流体压力，不是直接作用在结点上

的结点力。因此必须把单位面积上的压力等效转变成作用在结点上的力。

设单位面积上的压力为 q,单元的挠度为 $\omega(x_1,x_2)$,则压力做的虚功为:

$$\iint_A q\omega(x_1,x_2)\mathrm{d}x_1\mathrm{d}x_2 \tag{2-24}$$

式(2-8)挠度表示式为:

$$\omega(x_1,x_2)=N(x_1,x_2)[A]^{-1}\{\delta\}^{\mathrm{e}}=[N]\{\delta\}^{\mathrm{e}}=\{\delta\}^{\mathrm{e}T}[N]^T$$

式中,$[N]=N(x_1,x_2)[A]^{-1}=[[N_i][N_j][N_m][N_p]]$

又 $[N_r]=[N_r\ N_{1r}\ N_{2r}],r=i,j,m,p$

单元的等效结点载荷列阵为:

$$\{F\}^{\mathrm{e}}=\{W_i\quad T_{1i}\quad T_{2i}\,|\,W_j\quad T_{1j}\quad T_{2j}\,|\,W_m\quad T_{1m}\quad T_{2m}\,|\,W_p\quad T_{1p}\quad T_{2p}\}^T \tag{2-25}$$

则由虚功原理可得:

$$\{\delta\}^{\mathrm{e}T}\{F\}^{\mathrm{e}}=\int_{-a}^{a}\int_{-b}^{b}q\omega(x_1,x_2)\mathrm{d}x_1\mathrm{d}x_2=\{\delta\}^{\mathrm{e}T}\int_{-a}^{a}\int_{-b}^{b}q[N]^T\mathrm{d}x_1\mathrm{d}x_2$$

由此得到:

$$\{F\}^{\mathrm{e}}=\int_{-a}^{a}\int_{-b}^{b}q[N]^T\mathrm{d}x_1\mathrm{d}x_2=q[A]^{-1^T}\int_{-a}^{a}\int_{-b}^{b}N^T(x_1,x_2)\mathrm{d}x_1\mathrm{d}x_2 \tag{2-26}$$

因为压力 q 是均布的,与坐标无关,又由式(2-7)可以看出 $[A]^{-1}$ 也与坐标 x_1,x_2 无关,所以可从积分符号中移出。对 $N^T(x_1,x_2)=[1,x_1,x_2,x_1^2,x_1x_2,x_2^2,x_1^3,x_1^2x_2,x_1x_2^2,x_2^3,x_1^3x_2,x_1x_2^3]^T$ 积分后,可以算出等效结点载荷如下:

$$\{F\}^{\mathrm{e}}=qab\left[1\quad \frac{b}{3}\quad -\frac{a}{3}\,|\,1\quad \frac{b}{3}\quad \frac{a}{3}\,|\,1\quad -\frac{b}{3}\quad \frac{a}{3}\,|\,1\quad -\frac{b}{3}\quad -\frac{a}{3}\right]^T \tag{2-27}$$

2.3.3.3 整体刚度

前面所提到的单元刚度方程式(2-21)描述了单元上结点力和

结点位移之间的关系。两者依靠单元刚度矩阵$[K]^e$联系起来。单元的刚度矩阵只与材料性质和所取面积大小有关，与单元所在位置无关。当弹性膜为同一材料时，如果单元的形状和尺寸一致时，则单元刚度矩阵全一样。如果单元所取尺寸不同时，则式(2-20)($[K]^e$积分式)仅仅是积分限的差别，仍可以取相同的被积函数($[B]^T[D_f][B]$)。这就给计算刚度矩阵带来极大的方便。单元的特殊性仅仅表现于不同单元与其周围的单元相互间结点连接关系不同。以一维二单元为例，如图2-8所示，1、2、3三个结点上作用结点力(即外载荷)F_1, F_2, F_3。相应的轴向位移为u_1, u_2, u_3。单元2的轴面积假设为单元1的两倍，但两者材质相同。单元1的应变$\varepsilon_1=(u_2-u_1)/l_0$，单元2的应变$\varepsilon_2=(u_3-u_2)/l_0$，$l_0$为单元的长度(假设单元的长度二者相同)。对单元1来说，单元的结点力为：

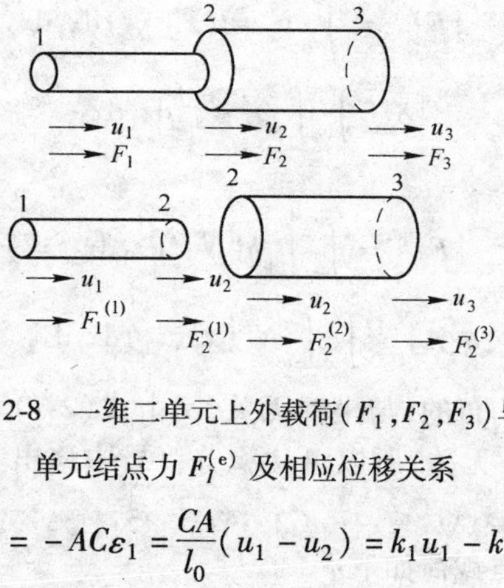

图2-8　一维二单元上外载荷(F_1, F_2, F_3)与单元结点力$F_l^{(e)}$及相应位移关系

$$F_1^{(1)} = -AC\varepsilon_1 = \frac{CA}{l_0}(u_1-u_2) = k_1u_1 - k_1u_2$$

$$F_2^{(1)} = -AC\varepsilon_1 = \frac{CA}{l_0}(u_2-u_1) = k_1u_2 - k_1u_1$$

式中，A为轴杆的截面积；C为材料的轴向弹性常数。单元1的刚度方程可以写为：

$$\begin{Bmatrix} F_1 \\ F_2 \end{Bmatrix}^1 = \begin{bmatrix} k_1 & -k_1 \\ -k_1 & k_1 \end{bmatrix}^1 \begin{Bmatrix} u_1 \\ u_2 \end{Bmatrix}^1$$

同理,对单元 2 来说,单元的结点力为:

$$F_2^{(2)} = -2AC\varepsilon_2 = \frac{2CA}{l_0}(u_2 - u_3) = k_2 u_2 - k_2 u_3$$

$$F_2^{(3)} = -2AC\varepsilon_2 = \frac{2CA}{l_0}(u_3 - u_2) = k_2 u_3 - k_2 u_2$$

单元 2 的刚度力方程可以写为:

$$\begin{Bmatrix} F_2 \\ F_3 \end{Bmatrix}^2 = \begin{bmatrix} k_2 & -k_2 \\ -k_2 & k_2 \end{bmatrix}^2 \begin{Bmatrix} u_2 \\ u_3 \end{Bmatrix}^2$$

从以上可以看出,单元的结点力仅与单元内的结点的位移有关,同一结点(例如结点 2)在不同单元内的结点力可以是不同的,任何结点其总结点力应是具周围全部相关单元的结点力之和。结点 2 的总结点力 $F_2 = F_2^{(1)} + F_2^{(2)}$。当结点上有外载荷时,总结点力应与外载荷保持平衡。当结点上无外载荷时,总结点力为零,于是有:

$$\begin{gathered} F_2 = F_2^{(1)} + F_2^{(2)} = -k_1 u_1 + (k_1 + k_2) u_2 - k_2 u_3 \\ F_1 = F_1^{(1)} = k_1 (u_1 - u_2) \\ F_3 = F_3^{(1)} = k_1 (u_3 - u_2) \end{gathered} \tag{2-28}$$

对于图 2-8 所示的一维二单元整体来说,可写出全部总结点力与结点位移之间的整体刚度方程:

$$\begin{Bmatrix} F_1 \\ F_2 \\ F_3 \end{Bmatrix} = \begin{bmatrix} k_1 & -k_1 & 0 \\ -k_1 & k_1 + k_2 & -k_2 \\ 0 & -k_2 & k_2 \end{bmatrix} \begin{Bmatrix} u_1 \\ u_2 \\ u_3 \end{Bmatrix} \tag{2-29}$$

可见整体刚度矩阵可由两个单元刚度矩阵叠加而成:

$$\begin{bmatrix} k_1 & -k_1 & 0 \\ -k_1 & k_1 + k_2 & -k_2 \\ 0 & -k_2 & k_2 \end{bmatrix} = \begin{bmatrix} k_1 & -k_1 & 0 \\ -k_1 & k_1 & 0 \\ 0 & 0 & 0 \end{bmatrix} + \begin{bmatrix} 0 & 0 & 0 \\ 0 & k_2 & -k_2 \\ 0 & -k_2 & k_2 \end{bmatrix}$$

根据上述道理,对于整个二维弹性膜必须构建全部结点力

$\{F\}$ 与全部结点位移 $\{\delta\}$ 之间的整体刚度方程，即

$$\{F\}_{3J}=[K]_{3J\times 3J}\{\delta\}_{3J} \tag{2-30}$$

式中，$[K]_{3J\times 3J}$ 为整体刚度矩阵；J 为全部结点数。因为自由度数为 $3J$ 个，因此全部结点位移向量列阵有 $3J$ 个分量。整体刚度矩阵可按下述方法得到：

将式(2-22)、式(2-23)得到的单元刚度矩阵 $[K]^{e}_{12\times 12}$ 扩大成与整体刚度矩阵 $[K]_{3J\times 3J}$ 同阶次的矩阵 $[K]^{e}_{3J\times 3J}$，$[K]^{e}_{3J\times 3J}$ 中超过 $[K]^{e}_{12\times 12}$ 中元数个数用零来补齐，则整体刚度矩阵可由 $[K]^{e}_{3J\times 3J}$ 叠加而成，即

$$[K]_{3J\times 3J}=\sum_{i=1}^{n}[K]^{e}_{3J\times 3J} \tag{2-31}$$

式中，n 为整个结构被划分的单元总数。

2.3.3.4　边界条件

A　固接边界

压力传感器的弹性膜在二维有限元的分析中，一般把膜边缘看成是固接的边界条件。对于固接边界来说，边界上任何结点 i 满足下列条件：

挠度　　$\omega_i=0$

以边界线为轴线的转角 $\theta_{/\!/i}=0$

以边界法线为轴线的转角 $\theta_{\perp i}=0$

B　对称轴线

以弹性膜对称轴为轴线的转角 θ_{s} 为零，弹性膜对称轴的位移如图 2-9 所示。即有 $\theta_{\mathrm{s}}=0$。

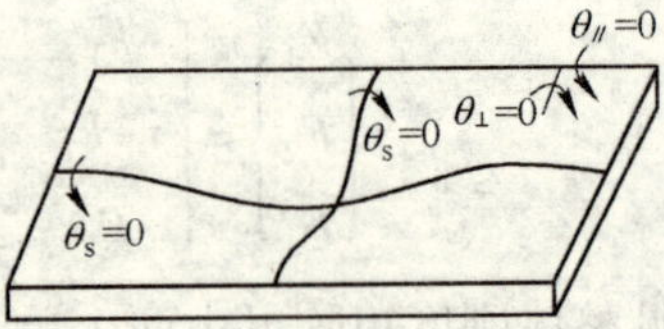

图 2-9　弹性膜对称轴的位移

2.3.4　整体刚度方程的求解

整体刚度方程为一线性方程组：

$$[K]\{\delta\}=\{F\}$$

利用上小节的方法得到整体刚度矩阵[K]后,又知道结点上的全部载荷向量列矩阵及边界约束条件,便可以求解结点的位移向量。由于是 $3J$ 个线性联立方程,计算量大,一般都用计算机数值求解。常用的方法是高斯消元法和 LU 分解法。下面介绍高斯消元法。首先将线性方程组展开:

$$\begin{bmatrix} K_{11} & K_{12} & K_{13},\cdots,K_{1,3J} \\ K_{21} & K_{22} & K_{23},\cdots,K_{2,3J} \\ & & \vdots \\ K_{3J,1} & K_{3J,2} & K_{3J,3},\cdots,K_{3J,3J} \end{bmatrix} \begin{Bmatrix} \delta_1 \\ \delta_2 \\ \vdots \\ \delta_{3J} \end{Bmatrix} = \begin{Bmatrix} F_1 \\ F_2 \\ \vdots \\ F_{3J} \end{Bmatrix} \tag{2-32}$$

方程求解过程分为消元和回代过程。通过消元将上述方程变成如下三角形方程。也就是将刚度矩阵变成一个三角形矩阵,而且它的主对三角元素全为1:

$$\begin{bmatrix} 1 & \times & \times & \times & \times \\ & 1 & \times & \times & \times \\ & & 1 & \times & \times \\ & & & 1 & \times \\ 0 & & & & 1 \end{bmatrix} \begin{Bmatrix} \delta_1 \\ \vdots \\ \delta_{3J} \end{Bmatrix} = \begin{Bmatrix} \times \\ \times \\ \vdots \\ \times \end{Bmatrix}$$

显然对于上述方程,通过回代将顺序逐个求得 $\delta_{3J},\delta_{3J-1},\cdots,\delta_1$。

2.3.4.1 消元过程

下面以三阶线性方程为例加以说明:

$$\begin{bmatrix} K_{11} & K_{12} & K_{13} \\ K_{21} & K_{22} & K_{23} \\ K_{31} & K_{32} & K_{33} \end{bmatrix} \begin{bmatrix} \delta_1 \\ \delta_2 \\ \delta_3 \end{bmatrix} = \begin{bmatrix} F_1 \\ F_2 \\ F_3 \end{bmatrix} \tag{2-33}$$

将载荷力向量移至方程左端刚度矩阵中,并让 $F_1 = K_{14}$,$F_2 = K_{24}$,$F_3 = K_{34}$,从而构成下列增广矩阵:

$$\begin{bmatrix} K_{11}^{(0)} & K_{12}^{(0)} & K_{13}^{(0)} & K_{14}^{(0)} \\ K_{21}^{(0)} & K_{22}^{(0)} & K_{23}^{(0)} & K_{24}^{(0)} \\ K_{31}^{(0)} & K_{32}^{(0)} & K_{33}^{(0)} & K_{34}^{(0)} \end{bmatrix} \tag{2-34}$$

上标(0)表示矩阵中元素消元前的原始数据。第一步消元目的是得到

$$\begin{bmatrix} 1 & K_{12}^{(1)} & K_{13}^{(1)} & K_{14}^{(1)} \\ 0 & K_{22}^{(1)} & K_{23}^{(1)} & K_{24}^{(1)} \\ 0 & K_{32}^{(1)} & K_{33}^{(1)} & K_{34}^{(1)} \end{bmatrix} \tag{2-35}$$

上标(1)表示经过第一步消元运算后的数值。以下便以此类推。经过第二步消元后可得到

$$\begin{bmatrix} 1 & K_{12}^{(1)} & K_{13}^{(1)} & K_{14}^{(1)} \\ 0 & 1 & K_{23}^{(2)} & K_{24}^{(2)} \\ 0 & 0 & K_{33}^{(2)} & K_{34}^{(2)} \end{bmatrix} \tag{2-36}$$

经过第三步消元后可得到：

$$\begin{bmatrix} 1 & K_{12}^{(1)} & K_{13}^{(1)} & K_{14}^{(1)} \\ 0 & 1 & K_{23}^{(2)} & K_{24}^{(2)} \\ 0 & 0 & 1 & K_{34}^{(3)} \end{bmatrix} \tag{2-37}$$

于是线性方程组变成：

$$\begin{aligned} \delta_1 + K_{12}^{(1)}\delta_2 + K_{13}^{(1)}\delta_3 &= K_{14}^{(1)} \\ \delta_2 + K_{23}^{(2)}\delta_3 &= K_{24}^{(2)} \\ \delta_3 &= K_{34}^{(3)} \end{aligned} \tag{2-38}$$

第一步消元先用 $K_{11}^{(0)}$ 除以第一行的各元素(此时 $K_{11}^{(0)}$ 称为第 1 主元)，于是 $K_{11}^{(1)}=1$。然后把第一列其余两行的元素化为零，其运算公式为：

$$\left.\begin{array}{l} K_{1j}^{(1)} = K_{1j}^{(0)}/K_{11}^{(0)}\text{,其中 } j=1 \text{ 时,} K_{11}^{(1)} = 1 \\ K_{2j}^{(1)} = K_{2j}^{(0)} - K_{2j}^{(0)}K_{1j}^{(1)}\text{,其中 } j=1 \text{ 时,} K_{21}^{(1)} = 0 \\ K_{3j}^{(1)} = K_{3j}^{(0)} - K_{3j}^{(0)}K_{1j}^{(1)}\text{,其中 } j=1 \text{ 时,} K_{31}^{(1)} = 0 \end{array}\right\} j=1,2,3,4$$

这就是得到式(2-35)所示的增广矩阵。

第二步消元与第一步类似,先用 $K_{22}^{(1)}$($K_{22}^{(1)}$ 被称为第 2 主元)除以第二行各元素,使 $K_{22}^{(2)}=1$,然后把第 3 行第 2 列元素化为零,即得到式(2-36)。其运算公式如下:

$$\left.\begin{array}{ll} K_{2j}^{(2)} = K_{2j}^{(1)}/K_{22}^{(1)} & \text{当 } j=2 \text{ 时 } K_{22}^{(2)} = 1 \\ K_{3j}^{(2)} = K_{3j}^{(1)} - K_{3j}^{(1)}K_{2j}^{(2)} & \text{当 } j=2 \text{ 时 } K_{32}^{(2)} = 0 \end{array}\right\} j=2,3,4$$

第三步消元过程,用 $K_{33}^{(2)}$(称第 3 主元)除第 3 行的各元素,使 $K_{33}^{(2)}=1$。由于此例的增广矩阵只有三行,消元过程到此结束。最后一步的算式为:

$$K_{3j}^{(3)} = K_{3j}^{(2)}/K_{33}^{(2)} \qquad j=3,4$$

由上述 3 阶方程的消元过程可推得 $3J$ 阶方程组任意一步(如 m 步)消元时,待计算的增广矩阵中各元素的计算公式为:

$$\left.\begin{array}{l} K_{mj}^{(m)} = K_{mj}^{(m-1)}/K_{mm}^{(m-1)} \\ K_{ij}^{(m)} = K_{ij}^{(m-1)} - K_{ij}^{(m-1)}K_{mj}^{(m)} \end{array}\right\} \begin{array}{l} j=m,m+1,\cdots,3j+1 \\ i=m+1,m+2,\cdots,3j+1 \end{array} \tag{2-39}$$

2.3.4.2 回代

消元后,线性方程变成三角形方程式(2-38),因此回代过程是很简单的。依次可得到各结点的位移向量:

$$\delta_3 = K_{34}^{(3)}$$

$$\delta_2 = K_{24}^{(2)} - K_{23}^{(2)}\delta_3$$

$$\delta_1 = K_{14}^{(1)} - K_{12}^{(1)}\delta_2 - K_{13}^{(1)}\delta_3$$

结点数为 $3J$ 时,对 $3J$ 阶方程,回代过程的算式为:

$$\delta_m = K_{m,3J+1}^{(m)} - \sum_{j=m+1}^{3J} K_{mj}^{(m)}\delta_j \qquad m = 3J,3J-1,\cdots,1 \tag{2-40}$$

应该注意，高斯消元法使用的先决条件是各步的主元素不为零。实际上当 $K_{mm}^{(m-1)}$ 的绝对值很小时，在消元过程中带来的误差已不能容忍。所以在消元的每一步都应选择绝对值最大的元素作为主元素。

2.3.5　弹性膜应力分布有限元法计算结果

求解整体刚度方程后便可以得到全部结点的位移 $\{\delta\}$，然后又按各单元的结点得到各单元的位移向量 $\{\delta\}^e$。再分别由下面两式

$$\{M\} = [D_f][B]\{\delta\}^e$$

$$\{\sigma\} = \frac{12}{t^3}x_3\{M\} = \frac{12}{t^3}x_3[D_f][B]\{\delta\}^e$$

得到弯扭矩：

$$\{M\}^T = \{M_1 \quad M_2 \quad M_{12}\}^T$$

和应力：

$$\{\sigma\} = \{\sigma_{11} \quad \sigma_{22} \quad \sigma_{12}\}^T$$

一个实际硅压力传感器，其弹性膜用各向异性腐蚀法制备，正方形边长为4mm，膜厚 t 为0.03mm。承受10.133kPa 压力，故 $q = -0.98\mathrm{N/cm^2}$。假设膜的边界固接，可用二维有限元法计算应力分布。硅的弹性模量 $E = 10670\mathrm{kN/cm^2}$，弹性顺服系数 $S_{12} = -2.14\times10^{-8}\mathrm{cm^2/N}$，泊松比 $\nu = -S_{12}E = 0.22$。现将膜划分为 $16\times16 = 256$ 个单元。将有限元应力分布计算结果绘制成图。图2-10 所示为硅弹性方膜沿 $A—A$ 和 $B—B$ 截面上的应力分布。图2-11 所示为应力 σ_{11} 和 σ_{22} 分别为零的迹线。边缘中点最大张应力为6.3kN/cm²，硅的断裂强度为45kN/cm²，因此这一压力传感器可以承受10.133kPa 压力。圆膜最大径向应力的理论公式为：

$$\sigma_{rr} = \frac{3}{4}r^2\frac{\Delta p}{t^2}$$

当直径为4mm 时，$\sigma_{rr} = 3.3\mathrm{kN/cm^2}$。因此方膜上的应力比直径等于它的边长的圆膜上的应力高，这有利于提高传感器的灵活度。

有限元计算指出，用于微压范围的传感器选用上述尺寸是合理的。极限使用压力量程应低于50.662kPa。依据上述计算结果还可以推算出达到同样的应力时随膜厚增加所需的压力以及应力达到硅断裂强度时极限耐压。膜的大小同样为4mm×4mm，见表2-1。

表2-1 应力达到6.3kN/cm² 所需压力 P_N 及极限耐压 P_r

膜厚/μm	30	60	90	120	150	210	240	270	300
P_N/kPa	10	40	90	160	250	490	640	810	1000
P_r/kPa	70	280	630	1120	1750	3430	4480	5670	7000

注：膜面积为4mm×4mm。

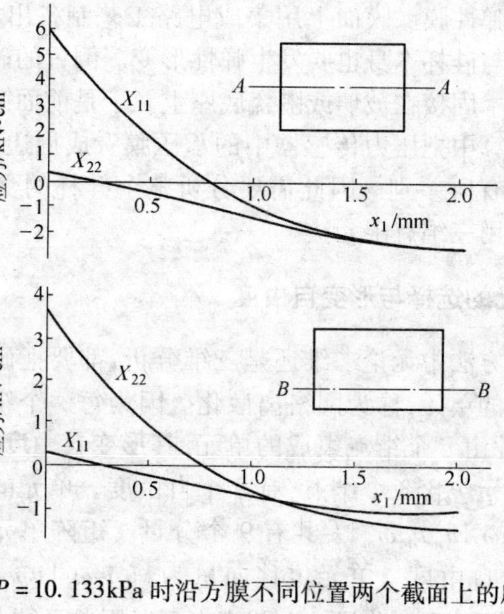

图2-10 $\Delta P=10.133$kPa时沿方膜不同位置两个截面上的应力分布

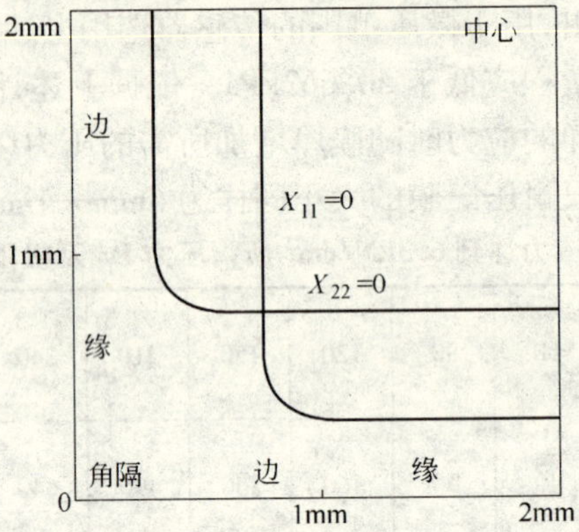

图 2-11　应力 σ_{11}（图中 X_{11}）和 σ_{22}（图中 X_{22}）分别为零的迹线

2.4　压力传感器三维有限元法应力计算简介

对压力传感器来说，一般由硅片用研磨法或腐蚀制成硅杯。硅杯底构成弹性膜。膜面上用集成电路工艺制备出力敏电阻器。可见弹性膜与硅杯本身也要发生弹性形变。倒置的硅杯边缘却用某种封装技术固接在玻璃或陶瓷底座上。于是前面第三节二维有限元应力计算中把压力传感器中的承压膜看成周边是固接的，便于实际情况有所差别。因此需要分析整个硅杯的受力和形变情况。这就要用三维有限元法。

2.4.1　单元的选择与形变自由度

有限元方法中无论二维还是三维分析，都要把研究对象划分成有限个数的单元，称为网络离散化。因为每一个结点都有 3 个自由度，因此由 n 个结点组成的单元，其形变自由度为 $3n$ 个。二维三角形单元包含 3 个结点，有 9 个自由度。单元的位移向量为 $\{u_i\nu_i\omega_i | u_j\nu_j\omega_j | u_m\nu_m\omega_m\}^T$ 共有 9 个分量。矩阵单元包含 4 个结点，有 12 个自由度。单元位移向量为 $\{u_i\nu_i\omega_i | u_j\nu_j\omega_j | u_m\nu_m\omega_m | u_p\nu_p\omega_p\}^T$，共有 12 个分量。上节中也可以用单元结点的挠度及转角来描述单元结点的位移向量，即 $\{\omega_i\theta_{1i}\theta_{2i} | \omega_j\theta_{1j}\theta_{2j} | \omega_m\theta_{1m}\theta_{2m} |$

$\omega_p\theta_{1p}\theta_{2p}\}^T$。从自由度角度来看,两种表示方法并无实质区别。可见单元中结点数越多,总自由度越多,单元位移向量的分量越多。随之式(2-5)那样的$\{\alpha\}$向量分量也越多,以使矩阵$[A]$(式2-6)保持为一方阵。当然计算越加复杂。

三维有限元法中一般选择四面体立体单元,如图2-12所示,6个体积相等的四面体单元构成一个立方体。这样不仅给网格划分带来方便,而且单元的自由度最少,体积又相等,给计算带来许多方便。于是把连续的弹性体离散成有限个数的四面体组合体。如图2-13所示,将压力传感器的硅杯进行网格化,每一六面体网格中又可包括若干个四面体单元(图中未标出)。

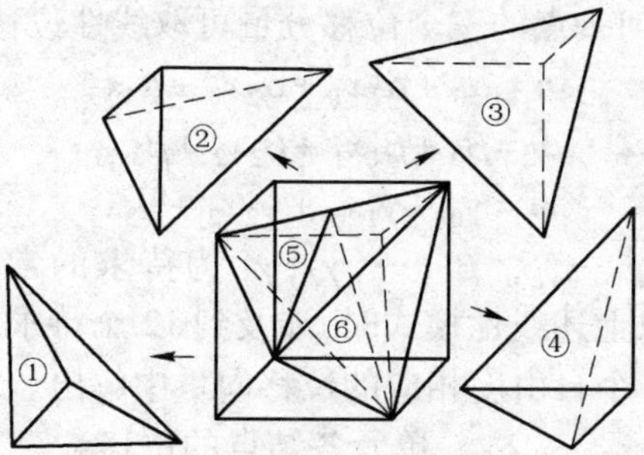

图2-12　四面体单元组成立方体

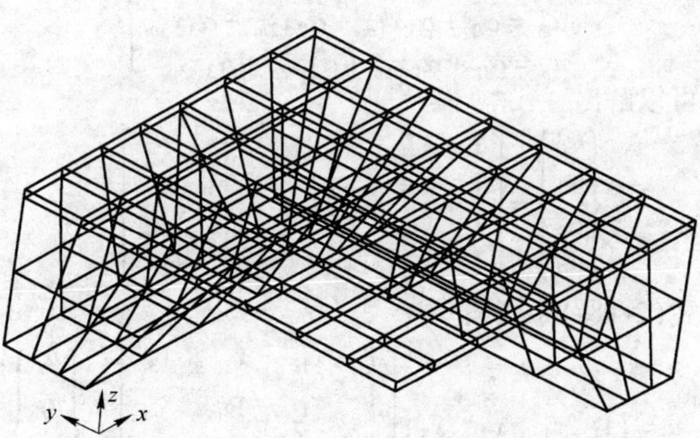

图2-13　对压力传感器的硅杯进行网格化

如图 2-14 所示的单元 $ijmp$，作三维有限元分析时，采用结点在3个坐标方向的位移。因此单元的位移向量为：

$$\{\delta\}^{e}=\{u_i\nu_i\omega_i \mid u_j\nu_j\omega_j \mid u_m\nu_m\omega_m \mid u_p\nu_p\omega_p\}^T$$

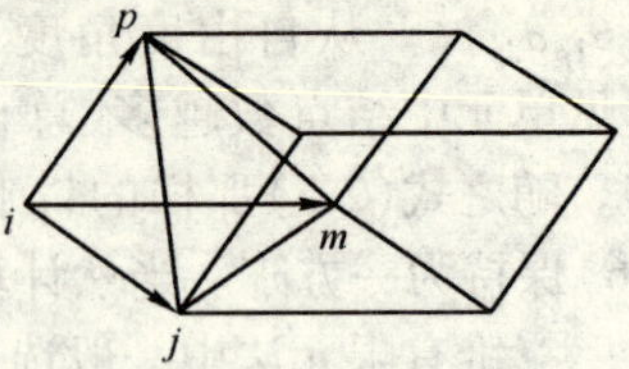

图 2-14 四面体单元

同时可以表达出产生这些位移量的相应力向量：

$$\{F\}^{e}=\{F_{1i}F_{2i}F_{3i} \mid F_{1j}F_{2j}F_{3j} \mid F_{1m}F_{2m}F_{3m} \mid F_{1p}F_{2p}F_{3p}\}^T$$

2.4.2 用结点位移表示单元中任何一点位移

单元中任何一点的三个位移分量可取线性位移模式：

$$u=\alpha_0+\alpha_1x_1+\alpha_2x_2+\alpha_3x_3 \tag{2-41a}$$

$$\nu=\beta_0+\beta_1x_1+\beta_2x_2+\beta_3x_3 \tag{2-41b}$$

$$\omega=\gamma_0+\gamma_1x_1+\gamma_2x_2+\gamma_3x_3 \tag{2-41c}$$

式中，$\alpha_0,\alpha_1,\alpha_2,\cdots,\beta_0,\beta_1,\cdots,\gamma_2,\gamma_3$ 为待求的常数，与坐标 x_1，x_2，x_3 无关。取上述线性模式时，涉及到 12 个待求的常数，正好可以从结点的 12 个自由度相应的位移向量中解出。对 u 分量来说，其待定常数为 $\alpha_0,\cdots,\alpha_3$。单元各结点的位移：

$$\left.\begin{aligned}
u_i&=\alpha_0+\alpha_1x_{1i}+\alpha_2x_{2i}+\alpha_3x_{3i}\\
u_j&=\alpha_0+\alpha_1x_{1j}+\alpha_2x_{2j}+\alpha_3x_{3j}\\
u_m&=\alpha_0+\alpha_1x_{1m}+\alpha_2x_{2m}+\alpha_3x_{3m}\\
u_p&=\alpha_0+\alpha_1x_{1p}+\alpha_2x_{2p}+\alpha_3x_{3p}
\end{aligned}\right\} \tag{2-42}$$

由上式可以解出

$$\begin{Bmatrix}\alpha_0\\ \alpha_1\\ \alpha_2\\ \alpha_3\end{Bmatrix}=\begin{bmatrix}1 & x_{1i} & x_{2i} & x_{3i}\\ 1 & x_{1j} & x_{2j} & x_{3j}\\ 1 & x_{1m} & x_{2m} & x_{3m}\\ 1 & x_{1p} & x_{2p} & x_{3p}\end{bmatrix}^{-1}\begin{Bmatrix}u_i\\ u_j\\ u_m\\ u_p\end{Bmatrix} \tag{2-43}$$

代回到式(2-41a)中，得：

$$u=\{1\quad x_1\quad x_2\quad x_3\}\begin{bmatrix}1 & x_{1i} & x_{2i} & x_{3i}\\ 1 & x_{1j} & x_{2j} & x_{3j}\\ 1 & x_{1m} & x_{2m} & x_{3m}\\ 1 & x_{1p} & x_{2p} & x_{3p}\end{bmatrix}^{-1}\begin{Bmatrix}u_i\\ u_j\\ u_m\\ u_p\end{Bmatrix} \tag{2-44}$$

$$u = \{N_i \quad -N_j \quad N_m \quad -N_p\} \begin{Bmatrix} u_i \\ u_j \\ u_m \\ u_p \end{Bmatrix} = N_i u_i - N_j u_j + N_m u_m - N_p u_p \tag{2-45}$$

式中

$$\{N_i \quad -N_j \quad N_m \quad -N_p\} = \{1 \quad x_1 \quad x_2 \quad x_3\} \begin{bmatrix} 1 & x_{1i} & x_{2i} & x_{3i} \\ 1 & x_{1j} & x_{2j} & x_{3j} \\ 1 & x_{1m} & x_{2m} & x_{3m} \\ 1 & x_{1p} & x_{2p} & x_{3p} \end{bmatrix}^{-1}$$

由上式矩阵的求逆后再作乘法运算可以得到：

$$\left.\begin{aligned} N_i &= (a_i + b_i x_1 + c_i x_2 + d_i x_3)/V \\ N_j &= (a_j + b_j x_1 + c_j x_2 + d_j x_3)/V \\ N_m &= (a_m + b_m x_1 + c_m x_2 + d_m x_3)/V \\ N_p &= (a_p + b_p x_1 + c_p x_2 + d_p x_3)/V \end{aligned}\right\} \tag{2-46}$$

式中

$$V = \begin{vmatrix} 1 & x_{1i} & x_{2i} & x_{3i} \\ 1 & x_{1j} & x_{2j} & x_{3j} \\ 1 & x_{1m} & x_{2m} & x_{3m} \\ 1 & x_{1p} & x_{2p} & x_{3p} \end{vmatrix} = \begin{vmatrix} x_{1j} - x_{1i} & x_{2j} - x_{2i} & x_{3j} - x_{3i} \\ x_{1m} - x_{1i} & x_{2m} - x_{2i} & x_{3m} - x_{3i} \\ x_{1p} - x_{1i} & x_{2p} - x_{2i} & x_{3p} - x_{3i} \end{vmatrix} \tag{2-47}$$

$$= \boldsymbol{a}_{ij} \cdot (\boldsymbol{a}_{mi} \times \boldsymbol{a}_{pi})$$

为四面体结点间矢量构成的平面六面体体积。

$$a_i = \begin{vmatrix} x_{1j} & x_{2j} & x_{3j} \\ x_{1m} & x_{2m} & x_{3m} \\ x_{1p} & x_{2p} & x_{3p} \end{vmatrix} \qquad b_i = -\begin{vmatrix} 1 & x_{2j} & x_{3j} \\ 1 & x_{2m} & x_{3m} \\ 1 & x_{2p} & x_{3p} \end{vmatrix}$$

$$c_i = \begin{vmatrix} 1 & x_{1j} & x_{3j} \\ 1 & x_{1m} & x_{3m} \\ 1 & x_{1p} & x_{3p} \end{vmatrix} = -\begin{vmatrix} x_{1j} & 1 & x_{3j} \\ x_{1m} & 1 & x_{3m} \\ x_{1p} & 1 & x_{3p} \end{vmatrix}$$

$$d_i = \begin{vmatrix} 1 & x_{1j} & x_{2j} \\ 1 & x_{1m} & x_{2m} \\ 1 & x_{1p} & x_{2p} \end{vmatrix} = -\begin{vmatrix} x_{1j} & x_{2j} & 1 \\ x_{1m} & x_{2m} & 1 \\ x_{1p} & x_{2p} & 1 \end{vmatrix}$$

同样也可以得到 $a_j, b_j, \cdots, c_p, d_p$ 各式，进而得到 N_j, N_m, N_p。类似式(2-45)单元的 u 分量，还有单元的 ν 及 ω 分量，也可以用结点的位移分量表示。于是有：

$$\left.\begin{aligned} u &= N_i u_i - N_j u_j + N_m u_m - N_p u_p \\ \nu &= N_i \nu_i - N_j \nu_j + N_m \nu_m - N_p \nu_p \\ \omega &= N_i \omega_i - N_j \omega_j + N_m \omega_m - N_p \omega_p \end{aligned}\right\} \tag{2-48a}$$

也就是说，单元中任意一点位移可以表示为：

$$\begin{Bmatrix} u \\ \nu \\ \omega \end{Bmatrix} = \begin{bmatrix} N_i & 0 & -N_j & 0 & N_m & 0 & -N_p & 0 \\ & N_i & & -N_j & & N_m & & -N_p \\ 0 & N_i & 0 & -N_j & 0 & N_m & 0 & -N_p \end{bmatrix} \{\delta\}^{\mathrm{e}} \tag{2-48b}$$

式中单元的结点位移向量：

$$\{\delta\}^{\mathrm{e}} = \{ u_i \nu_i \omega_i \mid u_j \nu_j \omega_j \mid u_m \nu_m \omega_m \mid u_p \nu_p \omega_p \}^T$$

2.4.3　单元刚度矩阵

单元中任何一点的应变与位移之间的关系由下式给出：

$$\{e\} = \begin{Bmatrix} e_{11} \\ e_{22} \\ e_{33} \\ \gamma_{12} \\ \gamma_{32} \\ \gamma_{31} \end{Bmatrix} = \begin{Bmatrix} \partial u/\partial x_1 \\ \partial \nu/\partial x_2 \\ \partial \omega/\partial x_3 \\ \partial u/\partial x_2 + \partial \nu/\partial x_1 \\ \partial \nu/\partial x_3 + \partial \omega/\partial x_2 \\ \partial u/\partial x_3 + \partial \omega/\partial x_1 \end{Bmatrix}$$

代入式(2-46)、式(2-48)，于是得到：

$$\{e\}=\frac{1}{V}\begin{bmatrix} b_i & 0 & 0 & -b_j & 0 & 0 & b_m & 0 & 0 & -b_p & 0 & 0 \\ 0 & c_i & 0 & 0 & -c_j & 0 & 0 & c_m & 0 & 0 & -c_p & 0 \\ 0 & 0 & d_i & 0 & 0 & -d_j & 0 & 0 & d_m & 0 & 0 & -d_p \\ c_i & b_i & 0 & -c_j & -b_j & 0 & c_m & b_m & 0 & -c_p & -b_p & 0 \\ 0 & d_i & c_i & 0 & -d_j & -c_j & 0 & d_m & c_m & 0 & -d_p & -c_p \\ d_i & 0 & b_i & -d_j & 0 & -b_j & d_m & 0 & b_m & -d_p & 0 & -b_p \end{bmatrix}\{\delta\}^{\mathrm{e}} \tag{2-49}$$

上式又可简写为：

$$\{e\}=[[B_i]-[B_j][B_m]-[B_p]]\{\delta\}^{\mathrm{e}}=[B]\{\delta\}^{\mathrm{e}} \tag{2-50}$$

三维情况下的应力、应变关系为：

$$\begin{Bmatrix}\sigma_{11}\\ \sigma_{22}\\ \sigma_{33}\\ \sigma_{12}\\ \sigma_{32}\\ \sigma_{31}\end{Bmatrix}=\frac{E(1-\nu)}{(1+\nu)(1-2\nu)}\times$$

$$\begin{bmatrix} 1 & \frac{\nu}{1-\nu} & \frac{\nu}{1-\nu} & & & 0 \\ \frac{\nu}{1-\nu} & 1 & \frac{\nu}{1-\nu} & & & \\ \frac{\nu}{1-\nu} & \frac{\nu}{1-\nu} & 1 & & & \\ & & & \frac{1-2\nu}{2(1-\nu)} & & \\ & & & & \frac{1-2\nu}{2(1-\nu)} & \\ & 0 & & & & \frac{1-2\nu}{2(1-\nu)} \end{bmatrix}\begin{Bmatrix}e_{11}\\ e_{22}\\ e_{33}\\ \gamma_{12}\\ \gamma_{32}\\ \gamma_{31}\end{Bmatrix}$$

将式(2-49)代入上式中$\{e\}$，可以得到：

$$\{\sigma\}^{\mathrm{e}}=[D]\{e\}^{\mathrm{e}}=[D][[B_i]-[B_j][B_m]-[B_p]]\{\delta\}^{\mathrm{e}}=$$

$$[[S_i]-[S_j][S_m]-[S_p]]\{\delta\}^{e}$$

式中

$$[S_i]=[D][B_i]=\frac{E(1-\nu)}{(1+\nu)(1-2\nu)}\frac{1}{V}\times$$

$$\begin{bmatrix} b_i & \frac{\nu}{1-\nu}c_i & \frac{\nu}{1-\nu}d_i \\ \frac{\nu}{1-\nu}b_i & c_i & \frac{\nu}{1-\nu}d_i \\ \frac{\nu}{1-\nu}b_i & \frac{\nu}{1-\nu}c_i & d_i \\ \frac{1-2\nu}{2(1-\nu)}c_i & \frac{1-2\nu}{2(1-\nu)}b_i & 0 \\ 0 & \frac{1-2\nu}{2(1-\nu)}d_i & \frac{1-2\nu}{2(1-\nu)}c_i \\ \frac{1-2\nu}{2(1-\nu)}d_i & 0 & \frac{1-2\nu}{2(1-\nu)}b_i \end{bmatrix}_{(i,j,m,p)} \tag{2-51}$$

单元的虚功方程为：

$$\{\delta\}^{eT}\{F\}^{e}=\int_{V_0}\{\sigma\}^{T}\{e\}\mathrm{d}x_1\mathrm{d}x_2\mathrm{d}x_3=$$

$$\{\delta\}^{eT}\int_{V_0}\{B\}^{T}[D]^{T}[B]\mathrm{d}x_1\mathrm{d}x_2\mathrm{d}x_3\{\delta\}^{e}$$

于是得到单元的结点力向量：

$$\{F\}^{e}=\int_{V_0}\{B\}^{T}[D]^{T}[B]\mathrm{d}x_1\mathrm{d}x_2\mathrm{d}x_3\{\delta\}^{e}$$

式中，$[D]=[D]^T$ 为对称矩阵；$[B]$ 的元素都是常数，只与结点坐标有关，因此可从积分符号中移出。于是有：

$$\{F\}^{e}=[B]^{T}[D][B]V_0\{\delta\}^{e} \tag{2-52}$$

式中，$V_0=\int_{V_0}\mathrm{d}x_1\mathrm{d}x_2\mathrm{d}x_3$ 为四面体单元的体积。$V_0=\frac{1}{6}V$，即四面体体积等于四面体结点间矢量构成的平行六面体体积的 1/6。

式(2-52)实际是单元的刚度方程，描述结点位移与结点力之间的关系。

即

$$\{F\}^{e}=[K]^{e}\{\delta\}^{e} \tag{2-53}$$

其中刚度矩阵

$$[K]^{e} = [B]^{T}[D][B]V_0 = \begin{bmatrix} B_i \\ -B_j \\ B_m \\ B_p \end{bmatrix}[D][[B_i] - [B_j][B_m] - [B_p]]V_0$$

$$= \begin{bmatrix} B_i \\ -B_j \\ B_m \\ B_p \end{bmatrix}[[S_i] - [S_j][S_m] - [S_p]]V_0 \qquad (2\text{-}54)$$

所以

$$[K]^{e} = \begin{bmatrix} [K_{ii}^{e}] & -[K_{ij}^{e}] & [K_{im}^{e}] & -[K_{ip}^{e}] \\ -[K_{ji}^{e}] & [K_{jj}^{e}] & -[K_{jm}^{e}] & [K_{jp}^{e}] \\ [K_{mi}^{e}] & -[K_{mj}^{e}] & [K_{mm}^{e}] & -[K_{mp}^{e}] \\ -[K_{pi}^{e}] & [K_{pj}^{e}] & -[K_{pm}^{e}] & [K_{pp}^{e}] \end{bmatrix} \qquad (2\text{-}55)$$

式中子矩阵 $[K_{rt}^{e}] = [B_r][S_t]V_0$

所以

$$[K_{rt}^{e}] = \frac{E(1-\nu)V_0}{(1+\nu)(1-2\nu)V^2} \times \begin{bmatrix} b_r & 0 & 0 & c_r & 0 & d_r \\ 0 & c_r & 0 & b_r & d_r & 0 \\ 0 & 0 & d_r & 0 & c_r & b_r \end{bmatrix}$$

$$\begin{bmatrix} b_i & \frac{\nu}{1-\nu}c_i & \frac{\nu}{1-\nu}d_i \\ \frac{\nu}{1-\nu}b_i & c_i & \frac{\nu}{1-\nu}d_i \\ \frac{\nu}{1-\nu}b_i & \frac{\nu}{1-\nu}c_i & d_i \\ \frac{1-2\nu}{2(1-\nu)}c_i & \frac{1-2\nu}{2(1-\nu)}b_i & 0 \\ 0 & \frac{1-2\nu}{2(1-\nu)}d_i & \frac{1-2\nu}{2(1-\nu)}c_i \\ \frac{1-2\nu}{2(1-\nu)}d_i & 0 & \frac{1-2\nu}{2(1-\nu)}b_i \end{bmatrix} =$$

$$\frac{E(1-\nu)}{36(1+\nu)(1-2\nu)V_0}\times\begin{bmatrix} b_r b_t + A_3(c_r c_t + d_r d_t) & A_2 b_r c_t + A_3 c_r b_t & A_2 b_r d_t + A_3 d_r b_t \\ A_2 c_r b_t + A_3 b_r c_t & c_r c_t + A_3(b_r b_t + d_r d_t) & A_2 c_r d_t + A_3 d_r c_t \\ A_2 d_r b_t + A_3 b_r d_t & A_2 d_r c_t + A_3 c_r d_t & d_r d_t + A_3(c_r c_t + b_r b_t) \end{bmatrix} \tag{2-56}$$

式中，$A_2=\dfrac{\nu}{1-\nu}$；$A_3=\dfrac{1-2\nu}{2(1-\nu)}$；$V_0/V^2=\dfrac{1}{36V_0}$。

2.4.4 总体刚度方程

总体刚度方程和二维有限元方法一样，将单元刚度矩阵$[K]^{e}_{12\times12}$扩大为全体结点 J 的整体刚度矩阵$[K]_{3J\times3J}$同阶次的矩阵。$[K]^{e}_{3J\times3J}$中超过$[K]^{e}_{12\times12}$中的元素用零来补齐，则整体刚度矩阵可由$[K]^{e}_{12\times12}$叠加而成，即

$$[K]=\sum_{i=1}^{n}[K]^{ei}_{3J\times3J} \tag{2-57}$$

式中，n 为整个结构被划分的单元总数。

对压力传感器来说，无集中力，也无体力（重力很小可忽略），只有作用在传感器承膜表面上的流体压力 q。也就是说，对于固体内部各结点来说，其总结点力为该结点周围各单元的在此结点上的结点力之和。根据力平衡条件，该点的总结点力应为零。只有表面上的单元才需要计算由流体压力引起的单元的结点等效载荷：

$$\{F\}^{e}=\iint_A q[N]^T\mathrm{d}A \tag{2-58}$$

在硅杯与底座连接处也存在着平衡流体压力所需分布面力 q_1，其方向与 q 相反：

$$q_1=qS/S_1$$

式中，S 为硅杯承受流体压力的有效面积（图 2-15 中虚线所示）；S_1 为硅杯与底座的接触。对硅杯与底座的接触面积来说，各单元

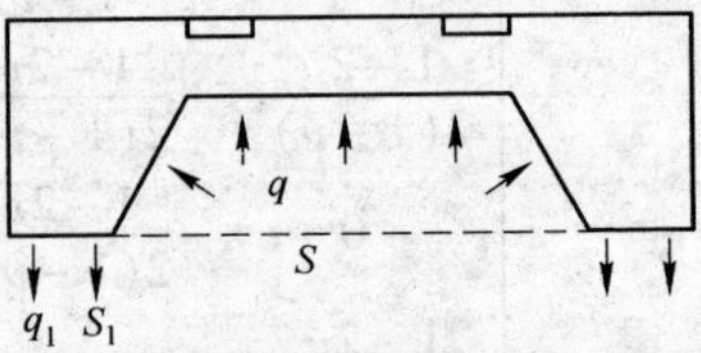

图 2-15　硅杯承受流体压力和底座封装接力示意图

的结点等效载荷

$$[F]^{e} = -\iint_{A} q_1 [N]^{T} \mathrm{d}A \tag{2-59}$$

于是组建整体刚度方程时,全部结点向量列阵的各分量:当结点处在体内时为零;当结点处在自由表面时也为零;仅当处在与流体或基座接触面上时,结点等效载荷由式(2-58)和式(2-59)决定。

整体刚度方程的边界条件是:固接面上的结点的各方向的位移全部为零。此外,还有各种对称条件,因此只需计算压力传感器的1/4即可完成应力计算。

由整体刚度方程式:

$$[K]\{\delta\} = \{F\} \tag{2-60}$$

得到全部各结点的位移 δ_i,也就随之有单元的位移 $\{\delta\}^{e}$,由 $\{\sigma\}^{e}=[D]\{e\}^{e}=[D][B]\{\delta\}^{e}$ 得到各单元中的应力分布。

2.4.5 计算结果

2.4.5.1 应力沿对称轴的分布

图2-16示出用各向异性腐蚀法制备的方形弹性膜的硅杯中沿中心对称轴方向上、下面应力 σ_{11} 分布。由图2-16可见,上下面应力是相等的,但符号相反。同一面中心与边缘的应力符号相反。边缘比中心应力绝对值略大些。这些结果与二维有限元法结果基本一致。区别在于二维有限元法中把膜的边缘用固接边界条件处理,因此超过膜边缘后应力突然降低为零。而三维有限元法计算得到的结果是超过弹性膜边缘后应力是缓慢衰减为零的。衰减为零的距离约为膜边长的1/7。也就是说,设计膜的边长假如为7mm的话,则芯片尺寸至少应大于9mm。在考虑到硅杯的封装强度为 q_0,则 $q_0 \gg q_1$,即封装面积 $S_1 \gg qS/q_0$。

2.4.5.2 等应力线图

图2-17示出压力传感器承压后的等压力线。由图2-17可以看出,膜中央等应力线呈圆形。随着半径增大,等应力线呈方边圆角形状。在方膜的角区应力小,边的中央应力大,而且超过膜边仍

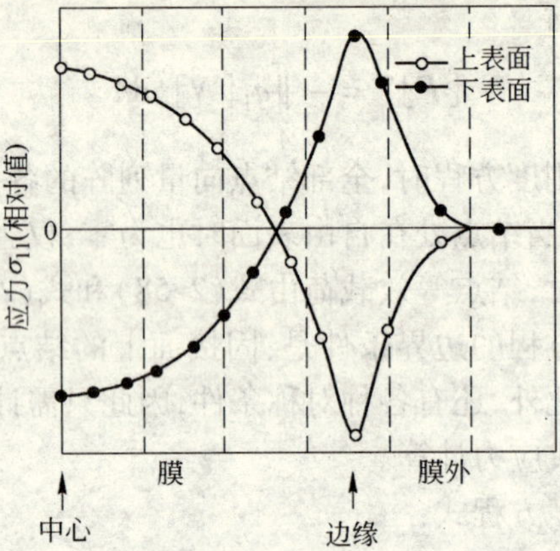

图 2-16　正应力 σ_{11} 沿中心对称轴的分布

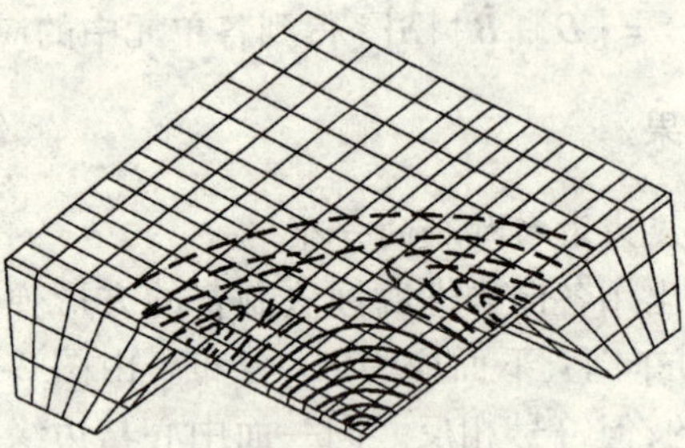

图 2-17　具有方形膜的硅杯中的等应力线

—张应力;---压应力

有较高的应力。应力峰正好在膜边上。在膜边缘的法向,高应力峰区约占膜边长 1/10。沿膜边缘平行方向,中心高应力区约占边长 1/3。

2.5　高温压力传感器热模拟

2.5.1　概述

对于稳态热分析,如果系统的净热流率为 0,即流入系统的热量加上自身产生的热量等于流出系统的热量:$q_{流入} + q_{生成} -$

$q_{流出}=0$,则系统处于热稳态。在热稳态热分析中任一点结点的温度不随时间变化。稳态热分析的能量平衡方程为(以矩阵形式表示):

$$[K]\{T\}=\{Q\} \tag{2-61}$$

式中,$[K]$为传导矩阵,包含热导率,对流系数及辐射率和形状系数;$\{T\}$为结点温度向量;$\{Q\}$为结点热流率向量,包含热生成。

ANSYS 利用模型几何参数,材料热性能参数以及所施加的边界条件,生成$[K]$,$\{T\}$以及$\{Q\}$。

为了减少计算机的计算量并提高计算速度,我们只建立高温压力传感器的二维截面图,并且只建立硅衬底层,中间层和电阻层,这并不影响对模型的温度分析。

其中 Si 衬底是边长为 4000μm,厚度为 400μm 的方形。

硅杯底面(100)与侧壁(111)所成角度约为 54°,2、4 间弹性膜宽约为 2520μm,1、3 间弹性膜宽为 2020μm,高度为 370μm。

AlN 厚度范围:0.25 ~1.5μm,在制备 AlN 薄膜时要考虑多方面因素,既要考虑制备时间的长短,又要考虑到 AlN 在高温压力传感器中起到作用,厚度过大,势必造戊溅射时间过长而且散热能力减弱;而 AlN 太薄则耐压能力降低,所以要综合考虑。

电阻在截面图中只可以看到三个,每条长度为 120μm,厚度为 1μm,并且分布在膜宽范围内。

2.5.2 AlN、SiO_2、Al_2O_3 作为绝缘层时的比较

利用 ANSYS10.0 对 AlN、SiO_2 和 Al_2O_3 分别做绝缘层(散热层)进行温度分析,比较哪一种材料更适合做散热层。

理论上 AlN 与硅的线膨胀系数接近,附着力高,耐击穿性好,散热性好,更有利于器件工作,所以 AlN 应优于 SiO_2 和 Al_2O_3。下面我们通过 ANSYS 软件来验证。材料的线膨胀系数见表 2-2。

表 2-2　材料的线膨胀系数

材　料	Si	AlN	SiO_2	Al_2O_3 (99%)
线膨胀系数/K^{-1}	2.62×10^{-6}	2.58×10^{-6}	0.5×10^{-6}	5.6×10^{-6}

假设高温压力传感器工作在 300℃，空气对流系数为 10W/(m^2 · ℃)。

ANSYS 热载荷类型分为恒流、热流率、对流换热及辐射换热。对于本例需在模型上加载空气对流系数和要求环境可达到的温度为 300℃，电阻条作为热源，需加载热生成率，在实际模型中有 4 组电阻条，并且构成惠斯顿电桥，如图 2-19 所示，电源电压为 10V，每组电阻条阻值为 5kΩ，则可计算出在图 2-18 中每个电阻应加载的热生成率，用 HGEN 表示，在 ANSYS 中计算平面上加载热生成率需要较复杂的数学计算与热学理论推导，此处我们直接给出热生成率为 2000W/m^2。材料的热导率见表 2-3。

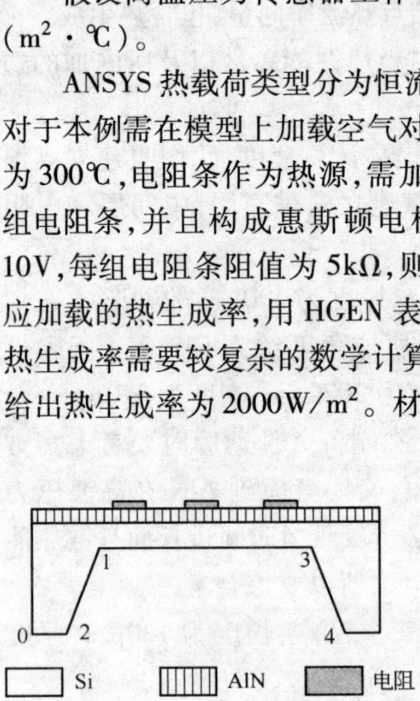

图 2-18　模型示意图

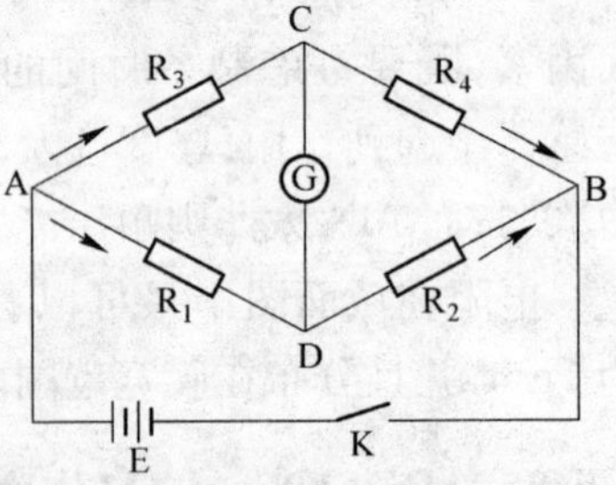

图 2-19　惠斯顿电桥

表 2-3　材料的热导率

材　料	Si	AlN	SiO_2	多晶硅	Al_2O_3 (99%)
热导率/W · (m · K)$^{-1}$	138	65	1.4	149	30

经 ANSYS 求解，并后处理得到图 2-20 ~ 图 2-24。从图中我们可以看出模型的温度分布：当 AlN 作为散热层时，模型各点的

温度为 300 ~ 345.3℃;而当 SiO_2 作为散热层时,模型各点的温度为 300 ~ 362.297℃,Al_2O_3 作为散热层时各点的温度为 300 ~ 349.064℃,可见 AlN 作为绝缘膜时器件的最高温度要低于 SiO_2 与 Al_2O_3 作为绝缘膜时器件的工作温度,即 AlN 的散热能力要优于 SiO_2 与 Al_2O_3,所以 AlN 更适合做散热层,也验证了我们的推测。

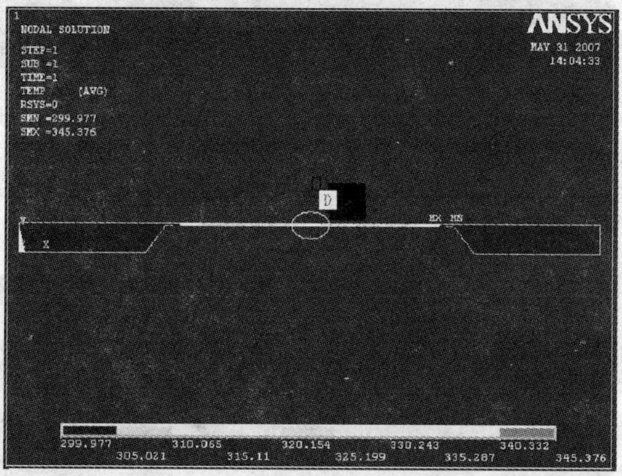

图 2-20 AlN 作为散热层时温度分布图

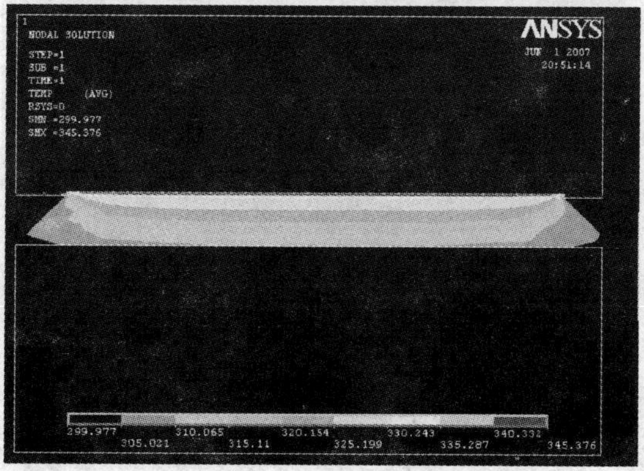

图 2-21 D 处局部放大图

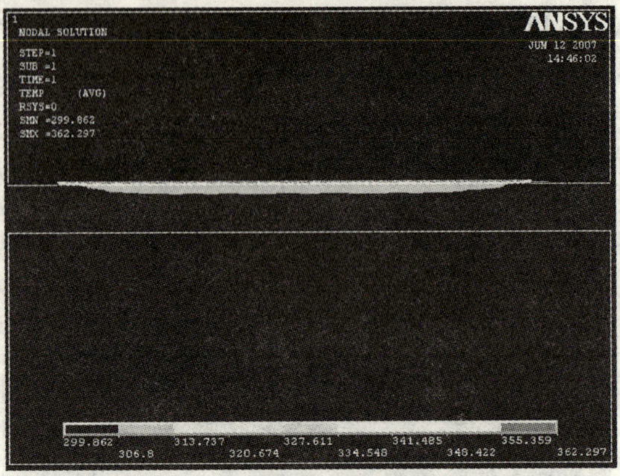

图 2-22　SiO_2 作为散热层时温度分布局部放大图

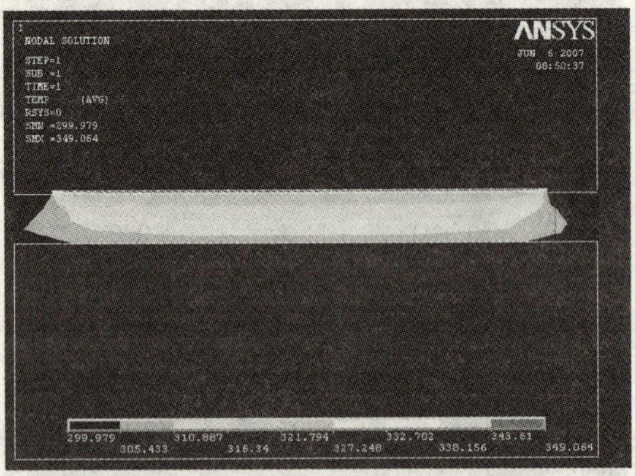

图 2-23　Al_2O_3 作为散热层时温度分布局部放大图

2.5.3　散热层不同厚度时衬底温度的比较

图 2-23 中以 O 点为平面直角坐标系原点，水平方向为 x 轴，竖直方向为 y 轴，建立平面直角坐标系，取 A 点坐标(2000,400)，B 点坐标(2000,395)，C 点坐标(2000,385)，所求温度值见表 2-4，利用 ANSYS 软件模拟出散热层不同厚度时模型不同点的温度

值,并画出温度随其厚度变化的关系曲线。

表 2-4 ANSYS 模拟数据(温度值取 4 位有效数字)

厚度/μm		0.25	0.5	0.75	1.0	1.25	1.5
温度/℃	A	333.7	332.1	330.8	329.5	328.2	327.1
	B	329.7	328.6	327.4	326.3	325.1	324.1
	C	322.7	321.6	320.7	319.8	319.2	318.4

从而得出数学关系曲线,如图 2-24 所示。

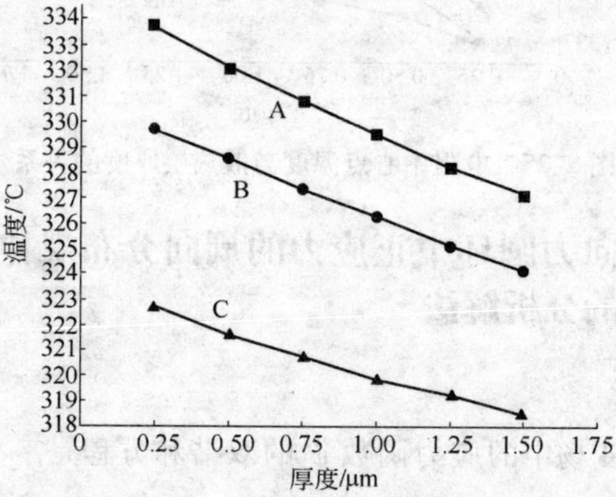

图 2-24 衬底温度与散热层厚度的关系

2.5.4 散热层不同厚度时电阻中心点温度的比较

当散热层厚度不同时,用 ANSYS 求出电阻中心点的温度,比较散热层不同厚度时其散热性能。我们取中间电阻中心点进行研究,其横坐标为 4000,纵坐标随着散热层厚度的改变而改变。所求温度值见表 2-5。

表 2-5 ANSYS 模拟数据(温度值取 4 位有效数字)

厚度/μm		0.25	0.5	0.75	1.0	1.25	1.5
温度/℃	AlN	336.9	337.5	337.8	338.0	338.3	338.6
	Al_2O_3	337.0	338.1	338.5	338.9	339.5	339.8
	SiO_2	337.7	339.0	340.5	342.1	343.0	343.8

从而得到电阻中心点温度与散热层厚度的关系曲线，如图2-25所示。

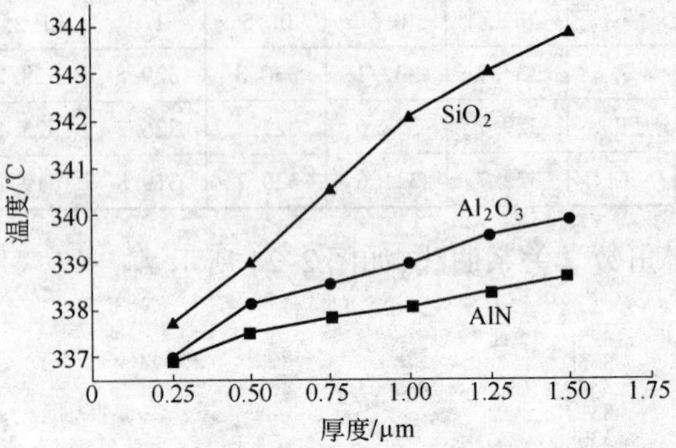

图 2-25　电阻中心点温度与散热层厚度的关系

2.6　受径向力圆环中正应力的周向分布规律及其应力计算的分析解法

2.6.1　概述

平面应变场中的应力函数 ψ 的双谐和方程是一个著名的方程：

$$\nabla^4 \Psi = \left(\frac{\partial^2}{\partial x_1^2} + \frac{\partial^2}{\partial x_2^2}\right)^2 \psi = 0 \tag{2-62}$$

早在 19 世纪，已由力平衡方程、应变的兼容方程及平面应变场的胡克定律推出。该方程已在许多方面得到应用。径向受力圆环时，本书第一作者得到双谐和方程式（2-62）一特解：

$$\psi = A'\left[-2r\ln r + \xi\left(\frac{r^3}{R^2} - \frac{r_0^2}{r}\right)\right]\cos\theta \tag{2-63}$$

式中

$$\xi = \frac{R^2}{R^2 + r_0^2} < 1 \tag{2-64}$$

R 和 r_0 分别是圆环的外径和内径；θ 为方位角，如图 2-26 所示。按照应力函数的定义：

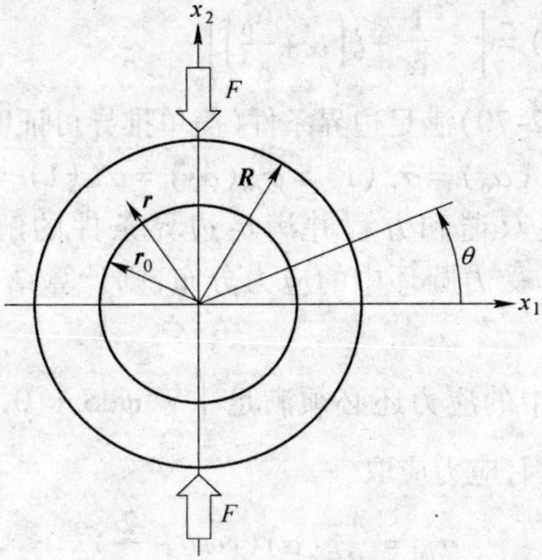

图 2-26　径向受力圆环

$$\sigma'_{\theta\theta}=\frac{\partial^2\psi}{\partial r^2} \tag{2-65}$$

$$\sigma'_{rr}=\frac{1}{r}\ \frac{\partial\psi}{\partial r}+\frac{1}{r^2}\ \frac{\partial^2\psi}{\partial\theta^2} \tag{2-66}$$

$$\sigma'_{r\theta}=-\frac{1}{\partial r}\left(\frac{1}{r}\ \frac{\partial\psi}{\partial\theta}\right) \tag{2-67}$$

可以得到：

$$\sigma'_{\theta\theta}=\frac{A}{R}\left[-\frac{1}{\alpha}+\xi\left(\alpha+\frac{\alpha_0^3}{\alpha^3}\right)\right]\cos\theta=\frac{A}{R}g(\alpha)\cos\theta \tag{2-68}$$

$$\sigma'_{rr}=\frac{A}{R}\left[-\frac{1}{\alpha}+\xi\left(\alpha+\frac{\alpha_0^2}{\alpha^3}\right)\right]\cos\theta=\frac{A}{R}h(\alpha)\cos\theta \tag{2-69}$$

$$\sigma'_{r\theta}=\frac{A}{R}\left[-\frac{1}{\alpha}+\xi\left(\alpha+\frac{\alpha_0^3}{\alpha^3}\right)\right]\cos\theta=\frac{A}{R}h(\alpha)\sin\theta \tag{2-70}$$

其中：　$\alpha=\dfrac{r}{R},\alpha_0=\dfrac{r_0}{R},\xi=\dfrac{R^2}{R^2+r_0^2}=\dfrac{1}{1+\alpha_0^2}$

$$g(\alpha)=\left[-\frac{1}{\alpha}+\xi\left(3\alpha-\frac{\alpha_0^2}{\alpha^3}\right)\right] \tag{2-71}$$

$$h(\alpha)=\left[-\frac{1}{\alpha}+\xi\left(\alpha+\frac{\alpha_0^2}{\alpha^3}\right)\right] \tag{2-72}$$

式(2-69)、式(2-70)满足边界条件(简单推导可证明),即:

$$\sigma_{rr}(\alpha_0)=\sigma_{rr}(1)=\sigma_{r\theta}(\alpha_0)=\sigma_{r\theta}(1)=0$$

如果直接满足双谐和方程并满足边界条件的解(2-68,2-69,2-70)用于计算受力圆环中的应力分布,则计算结果明显是错误的,见下文。

这时图环中的应力还必须满足 $\int\nabla^4\phi\mathrm{d}S=0$。由于本书下文中指出的原因,应力应取

$$\sigma_{\theta\theta}=\frac{A}{R}g(\alpha)(\cos\theta-\frac{2}{\pi}) \tag{2-73}$$

$$\sigma_{rr}=\frac{A}{R}h(\alpha)(\cos\theta-\frac{2}{\pi}) \tag{2-74}$$

而

$$\sigma_{r\theta}=\frac{A}{R}h(\alpha)\sin\theta \tag{2-75}$$

也就是说 $\sigma'_{\theta\theta}=\sigma'_{rr}=\sigma'_{r\theta}$满足 $\nabla^4\psi=0$ 方程,系统不稳定。而实际能谷解 $\sigma_{\theta\theta}$,σ_{rr}需满足 $\int\nabla^4\psi\mathrm{d}S=0$ 方程,系统处于稳定态,两者之间存在区别。

2.6.2　由格林定理推导正应力的周向分布规律

设

$$\nabla^2\phi=\nabla^2(\sigma_{11}+\sigma_{22})$$

由应力函数的定义:$\sigma_{11}=\dfrac{\partial^2\psi}{\sigma x_2^2}$,$\sigma_{22}=\dfrac{\partial^2\psi}{\partial x_1^2}$代入 $\nabla^2\phi$ 可得:

$$\nabla^2\phi=\left(\frac{\partial^2}{\partial x_1^2}+\frac{\partial^2}{\partial x_2^2}\right)(\sigma_{11}+\sigma_{22})$$

$$\left(\frac{\partial^2}{\partial x_1^2}+\frac{\partial^2}{\partial x_2^2}\right)\left(\frac{\partial^2\psi}{\partial x_2^2}+\frac{\partial^2\psi}{\partial x_1^2}\right)=\nabla^4\psi=0$$

已有应力函数的双谐和方程 $\nabla^4\psi=0$,故 $\nabla^2\phi=0$,得到高能解。

由格林定理

$$\iint \nabla^2\phi \mathrm{d}s = \oint \nabla \phi \boldsymbol{n}\mathrm{d}l \text{ 即} \oint \nabla \phi \boldsymbol{n}\mathrm{d}l = \iint \nabla^2\phi \mathrm{d}s = \iint \nabla^4\psi \mathrm{d}s$$

则立即可以得到实际能谷解：

$$\oint \nabla(\sigma_{11} + \sigma_{22}) \boldsymbol{n}\mathrm{d}l = \iint \nabla^2(\sigma_{11} + \sigma_{22})\mathrm{d}s = \iint \nabla^4\psi \mathrm{d}s = 0 \tag{2-76}$$

也就是说，左式与 $\int \nabla^4\phi \mathrm{d}S = 0$ 相伴共存，需由格林定理推出。因为有：

$$\sigma_{rr} + \sigma_{\theta\theta} = \sigma_{11} + \sigma_{22}$$

于是 $\oint \nabla(\sigma_{11} + \sigma_{22}) \cdot \boldsymbol{n}\mathrm{d}l = \oint \nabla(\sigma_{rr} + \sigma_{\theta\theta}) \cdot \boldsymbol{n}\mathrm{d}l$

$$= \oint \frac{\partial}{\partial n}(\sigma_{rr} + \sigma_{\theta\theta})\mathrm{d}l = \frac{A}{R}\oint \frac{\partial}{\partial r}[g(\alpha) + h(\alpha)](\cos\theta - \frac{2}{\pi})\mathrm{d}l$$

$$= \frac{A}{R}\frac{\partial}{\partial r}[g(\alpha) + h(\alpha)]4\int_0^{\frac{\pi}{2}}(\cos\theta - \frac{2}{\pi})\mathrm{d}l = 0 \tag{2-77}$$

式中 $$\frac{\partial[g(\alpha) + h(\alpha)]}{\partial r} \neq 0$$

因此对 σ_{rr}，$\sigma_{\theta\theta}$用式(2-73)，式(2-74)取代式(2-68)，式(2-69)是合理的。

对切应力 $\sigma_{r\theta}$来说，没有像$\nabla^2(\sigma_{11} + \sigma_{22})$一样存在一个双谐和方程$\nabla^2(\sigma_{11} + \sigma_{22}) = 0$

因为$\nabla^2\sigma_{r\theta} \neq 0$，所以$\oint_l \nabla \sigma_{r\theta} \cdot \boldsymbol{n}\mathrm{d}l \neq 0$

也就是说，切应力 $\sigma_{r\theta}$应取 $\sigma_{r\theta} = \frac{A}{R}h(\alpha)\sin\theta$

虽然通过上述讨论可以得到$\oint(\sigma_{11} + \sigma_{22}) \cdot \boldsymbol{n}\mathrm{d}l = 0$及应力各式，但是只有将圆环中的应力分布计算出来，特别是需要进一步计算并绘制出最大等切应力轮廓线，若与光测弹性力学的结果相符，则本节的讨论才是可信的。

2.6.3　力的平衡条件

如图 2-27 所示，力的平衡条件可表示为：

$$\left(\int_{r_0}^{R}\sigma_{\theta\theta}\mathrm{d}r\right)\cos\theta+\left(\int_{r_0}^{R}\sigma_{r\theta}\mathrm{d}r\right)\sin\theta=-\frac{F}{2}$$

$$\left(\int_{r_0}^{R}\sigma_{\theta\theta}\mathrm{d}r\right)\sin\theta-\left(\int_{r_0}^{R}\sigma_{r\theta}\mathrm{d}r\right)\cos\theta=0$$

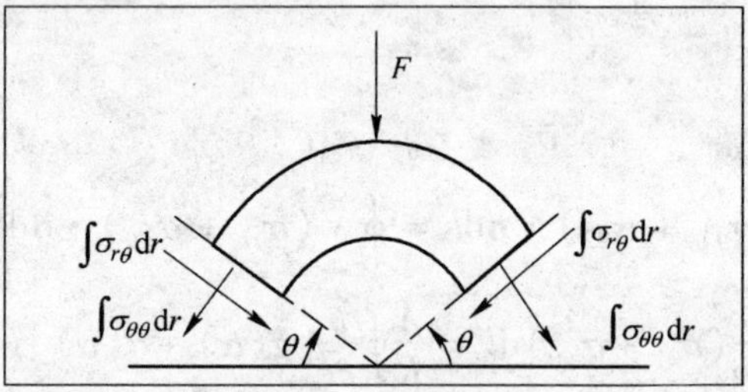

图 2-27　力的平衡

这样积分项必须取

$$\int_{r_0}^{R}\sigma_{\theta\theta}\mathrm{d}r=\frac{A}{R}\left[\int_{\alpha_0}^{1}g(\alpha)\mathrm{d}\alpha-B\right]\left(\cos\theta-\frac{2}{\pi}\right)-\frac{F}{2}\int_{\alpha_0}^{1}\frac{1}{1-\alpha_0}\mathrm{d}\alpha\cos\theta$$

$$=-\frac{1}{2}F\cos\theta$$

$$\int_{r_0}^{R}\sigma_{r\theta}\mathrm{d}r=\frac{A}{R}\left[\int_{\alpha_0}^{1}h(\alpha)\mathrm{d}\alpha-B\right]\sin\theta-\frac{F}{2}\int_{\alpha_0}^{1}\frac{1}{1-\alpha_0}\mathrm{d}\alpha\sin\theta$$

$$=-\frac{1}{2}F\sin\theta$$

式中，$B=\int_{\alpha_0}^{1}g(\alpha)\mathrm{d}\alpha=\int_{\alpha_0}^{1}h(\alpha)\mathrm{d}\alpha=\ln\alpha_0+\xi(1-\alpha_0^2)$；$\xi=\dfrac{1}{1+\alpha_0^2}$。

这是一项补偿项，因为 $\int_{\alpha_0}^{1}g(\alpha)\mathrm{d}\alpha=\int_{\alpha_0}^{1}h(\alpha)\mathrm{d}\alpha\neq0$

所以　$$\sigma_{\theta\theta}=\frac{A}{R}\left[g(\alpha)-\frac{B}{1-\alpha_0}\right]\left(\cos\theta-\frac{2}{\pi}\right)-\frac{1}{2}\frac{F}{R(1-\alpha_0)}\cos\theta \tag{2-78}$$

$$\sigma_{rr}=\frac{A}{R}\left[h(\alpha)+\frac{B}{1-\alpha_0}\right]\left(\cos\theta-\frac{2}{\pi}\right)+\frac{A}{R}\cdot\frac{B}{1-\alpha_0}\cdot\frac{2}{\pi}+\frac{1}{2}\frac{F}{R(1-\alpha_0)}\cos\theta \tag{2-79}$$

$$\sigma_{r\theta}=\frac{A}{R}\left[h(\alpha)-\frac{B}{1-\alpha_0}\right]\sin\theta-\frac{1}{2}\frac{F}{R(1-\alpha_0)}\sin\theta \tag{2-80}$$

其中,式(2-79)中 σ_{rr} 中的项$\frac{A}{R}\cdot\frac{B}{1-\alpha_0}\cdot\frac{2}{\pi}$是为了使 σ_{rr} 的边界条件得到满足而引入的,这要在下文中才能看清楚。

这 3 个表达式(2-78)~式(2-80)已满足正应力沿周向的分布规律:

$$\frac{1}{4}\oint\frac{\partial}{\partial r}[\sigma_{\theta\theta}+\sigma_{rr}]\mathrm{d}(R\theta)=$$

$$\frac{A}{R}\frac{\partial[g(\alpha)+h(\alpha)]}{\partial r}\int_0^{\frac{\pi}{2}}\left(\cos\theta-\frac{2}{\pi}\right)\mathrm{d}\theta=0$$

我们再注意式(2-78)~式(2-80)中的最后项不仅满足力平衡条件,也满足双谐和方程 $\nabla^4\psi=0$。

从表面上看,似乎式(2-78)~式(2-80)中的两项 $\pm\frac{AB}{(1-\alpha_0)R}$和 $\pm\frac{F}{2(1-\alpha_0)R}$会引起 σ_{rr} 和 $\sigma_{r\theta}$ 边界条件式偏离,但在下文中会指出他们是相互抵消的,其结果又基本回到式(2-72)~式(2-74)的形式。因此边界条件仍然成立。也就是说,考虑力平衡条件不会影响 σ_{rr} 和 $\sigma_{r\theta}$ 的表达式。

2.6.4 利用力矩平衡条件决定 *A* 值

式(2-78)中只有$\frac{A}{R}g(\alpha)$对截面的弯矩有贡献,于是有:

$$M(\theta)=\int_{\alpha_0}^{1}\sigma_{\theta\theta}(\alpha,\theta)\left(\alpha-\frac{1+\alpha_0}{2}\right)R^2\mathrm{d}\alpha=$$

$$AR\int_{\alpha_0}^{1}g(\alpha)\left(\alpha-\frac{1+\alpha_0}{2}\right)\mathrm{d}\alpha\left(\cos\theta-\frac{2}{\pi}\right) \tag{2-81}$$

我们考虑力矩的平衡条件也能得到 $M(\theta)$,见式(2-82)

$$M(\theta)=\left[\int_{r_0}^{R}\sigma_{\theta\theta}(0^0)\,\mathrm{d}r\right]R_{\mathrm{a}}(1-\cos\theta)+M(0^0) \tag{2-82}$$

式中，$\int_{r_0}^{R}\sigma_{\theta\theta}(0^0)\,\mathrm{d}r=-\frac{F}{2}\cos0^0=-\frac{F}{2}$；$R_{\mathrm{a}}=\frac{1+\alpha_0}{2}R$ 是圆环的中径。

从式(2-82)我们能得到：

$$M(\theta)=\left[-\frac{F}{2}R_{\mathrm{a}}(1-\cos\theta)\right]+AR\int_{\alpha_0}^{1}g(\alpha)\left(\alpha-\frac{1+\alpha_0}{2}\right)\mathrm{d}\alpha\left(1-\frac{2}{\pi}\right) \tag{2-83}$$

因为式(2-81)与式(2-83)是一致的，下式成立：

$$AR\int_{\alpha_0}^{1}g(\alpha)\left(\alpha-\frac{1+\alpha_0}{2}\right)\mathrm{d}\alpha\left(\cos\theta-\frac{2}{\pi}\right)=$$

$$-\frac{1}{4}FR(1+\alpha_0)(1-\cos\theta)+AR\int_{\alpha_0}^{1}g(\alpha)\left(\alpha-\frac{1+\alpha_0}{2}\right)\mathrm{d}\alpha\left(1-\frac{2}{\pi}\right)$$

所以$A\int_{\alpha_0}^{1}g(\alpha)\left(\alpha-\frac{1+\alpha_0}{2}\right)\mathrm{d}\alpha(1-\cos\theta)=\frac{1}{4}F(1+\alpha_0)(1-\cos\theta)$

$$A=\frac{1}{4}F(1+\alpha_0)\left[\int_{\alpha_0}^{1}g(\alpha)\left(\alpha-\frac{1+\alpha_0}{2}\right)\mathrm{d}\alpha\right]^{-1}$$

$$=\frac{1}{4}F(1+\alpha_0)\left[\alpha_0-1+\xi(1-\alpha_0+\alpha_0^2-\alpha_0^3)-\frac{1+\alpha_0}{2}(\ln\alpha_0+\xi(1-\alpha_0^2))\right]^{-1}$$

$$=-\frac{F}{2}\cdot\frac{1}{B} \tag{2-84}$$

式中，$\alpha_0-1+\xi(1-\alpha_0+\alpha_0^2-\alpha_0^3)=0$。

将以上所得的 A 和 B 式代入式(2-78)，式(2-80)，全部应力便被计算出：

$$\sigma_{\theta\theta}=\frac{1}{2}\ \frac{F}{R}\ \frac{[g(\alpha)-B/(1-\alpha_0)](\cos\theta-\frac{2}{\pi})}{-[\ln\alpha_0+\xi(1-\alpha_0^2)]}-\frac{F\cos\theta}{2R(1-\alpha_0)} \tag{2-85}$$

$$\sigma_{rr}(\alpha,\theta)=\frac{1}{2}\ \frac{F}{R}\ \frac{[h(\alpha)+B/(1-\alpha_0)](\cos\theta-\frac{2}{\pi})+\frac{B}{1-\alpha_0}\cdot\frac{2}{\pi}}{-[\ln\alpha_0+\xi(1-\alpha_0^2)]}-\frac{F\cos\theta}{2R(1-\alpha_0)} \tag{2-86}$$

$$\sigma_{r\theta}=\frac{1}{2}\ \frac{F}{R}\ \frac{[h(\alpha)-B/(1-\alpha_0)]\sin\theta}{-[\ln\alpha_0+\xi(1-\alpha_0^2)]}-\frac{F\sin\theta}{2R(1-\alpha_0)} \tag{2-87}$$

式中，$B=\ln\alpha_0+\xi(1-\alpha_0^2)$；$\xi=\frac{1}{1+\alpha_0^2}$。

因为 $$\frac{1}{2}\ \frac{F}{R}\ \frac{B/(1-\alpha_0)}{-[\ln\alpha_0+\xi(1-\alpha_0^2)]}=-\frac{F}{2R(1-\alpha_0)}$$

上述式(2-85)~式(2-87)表示如下：

$$\sigma_{\theta\theta}(\alpha,\theta)=\frac{1}{2}\ \frac{F}{R}\ \frac{[g(\alpha)(\cos\theta-\frac{2}{\pi})+(B/(1-\alpha_0))\cdot\frac{2}{\pi}]}{-[\ln\alpha_0+\xi(1-\alpha_0^2)]} \tag{2-88}$$

$$\sigma_{rr}(\alpha,\theta)=\frac{1}{2}\ \frac{F}{R}\ \frac{h(\alpha)(\cos\theta-\frac{2}{\pi})}{-[\ln\alpha_0+\xi(1-\alpha_0^2)]} \tag{2-89}$$

$$\sigma_{r\theta}(\alpha,\theta)=\frac{1}{2}\ \frac{F}{R}\ \frac{h(\alpha)\sin\theta}{-[\ln\alpha_0+\xi(1-\alpha_0^2)]} \tag{2-90}$$

可以看出，$\sigma_{\theta\theta}(\alpha,\theta)$，$\sigma_{rr}(\alpha,\theta)$，$\sigma_{r\theta}(\alpha,\theta)$不仅满足边界条件，而且也满足正应力沿周向的分布规律：

$$\oint\frac{\partial}{\partial r}(\sigma_{rr}+\sigma_{\theta\theta})\mathrm{d}l=0$$

并且式(2-88)中的$B/(1-\alpha_0)\cdot\frac{2}{\pi}$引起无应变点$\phi$(不同$\alpha$时无

应变方位角)的位移,

所以

$$\cos\phi = \frac{2}{\pi}\left[1 - \frac{B}{(1-\alpha_0)g(\alpha)}\right] \tag{2-91}$$

对环外壁 $\alpha = 1, g(\alpha) = -1 + \xi(3 - \alpha_0^2)$,这样

$$\cos\phi_{out} = \left\{1 - \frac{\ln\alpha_0 + \xi(1-\alpha_0^2)}{(1-\alpha_0)[-1+\xi(3-\alpha_0^2)]}\right\} \tag{2-92}$$

对内壁 $\alpha = \alpha_0, g(\alpha) = -\frac{1}{\alpha_0} + \xi(3\alpha_0 - \frac{1}{\alpha_0})$,这样

$$\cos\phi_{in} = \frac{2}{\pi}\left\{1 - \frac{\ln\alpha_0 + \xi(1-\alpha_0^2)}{(1-\alpha_0)\left[-\frac{1}{\alpha_0} + \xi\left(3\alpha_0 - \frac{1}{\alpha_0}\right)\right]}\right\} \tag{2-93}$$

$$\phi_{out} < \cos^{-1}\frac{2}{\pi} = 50.46°, \phi_{in} > \cos^{-1}\frac{2}{\pi} = 50.46° \tag{2-94}$$

式(2-88)~式(2-93)将在下节中被用来计算无应变点和环中应力分布。

2.6.5　计算结果

在表2-6中示出了当受压缩载荷时内、外壁上的无膨胀应变点的方位角及相应余弦的计算值。

表2-6　受压缩载荷时内、外壁上的无膨胀应变点的方位角及相应余弦计算值

α_0	0.964	0.9	0.7	0.5	0.4
ϕ_{in}/(°)	50.8	51.20	52.41	53.16	53.33
$\cos\phi_{in}$	0.6320	0.6266	0.610	0.5996	0.5922
ϕ_{out}/(°)	50.10	49.62	47.60	44.7	42.70
$\cos\phi_{out}$	0.64145	0.6478	0.6747	0.7110	0.7349

由表2-6可以看出:当受压缩载荷时,内壁的无应变点(也是无应力点,参见图2-29和图2-30)的方位角随壁厚(即 α_0)增加而增加,但外壁则相反,光弹性力学将无应变点称为奇点(singular point),表2-7示出 $\alpha_0 = 0.5$ 和0.7时的 ϕ_{in} 和 ϕ_{out} 的光弹测试值。Timoshenko 的公式中 $\phi = \theta = \cos^{-1}\frac{2}{\pi} = 50.46°$ 只是薄环中的特殊

情况。

表 2-7 圆环受压缩载荷时光弹测试得到的奇点方位角

奇点方位角	ϕ_{in}	ϕ_{out}
$\alpha_0=0.5$	53.5 ±0.5	44.5 ±0.5
$\alpha_0=0.7$	53.0 ±0.5	47.0 ±0.5

比较表 2-6 和表 2-7，当 $\alpha=0.5$ 和 0.7 时可以肯定 ϕ 的计算值十分接近早期测定的实验值。为了将表 2-7 计算结果与 Batista 等的结果比较。表 2-8 仅示出了 $\theta=0$ 和 $\frac{\pi}{2}$ 时的圆周应力，将 $2F/\pi RW$ 作为应力的单位。式中 F 是沿圆环直径所加的垂向力。等价力 F/π 如图 2-28 所示。

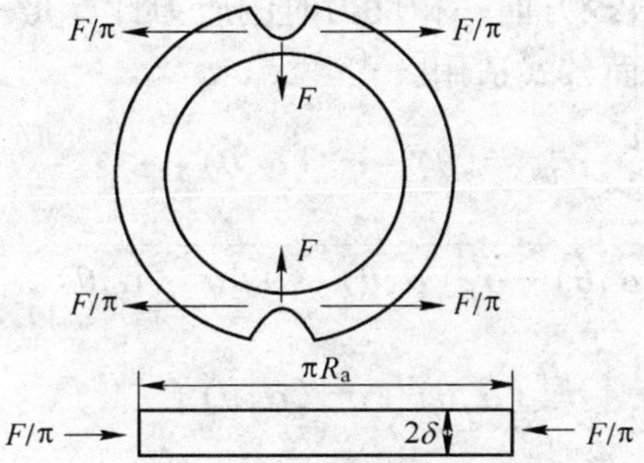

图 2-28 等价力 F/π

为了检验式(2-88)～式(2-90)的正确性，将最终计算得到的最大切应力 τ_{max} 等值线与光弹试验结果相比较。图 2-29 和图 2-30 示出当 $\alpha_0=0.7$ 和 0.5 时计算出的等最大切应力轮廓线。可以看出计算结果与文选发表的光弹试验结果完美一致。奇点

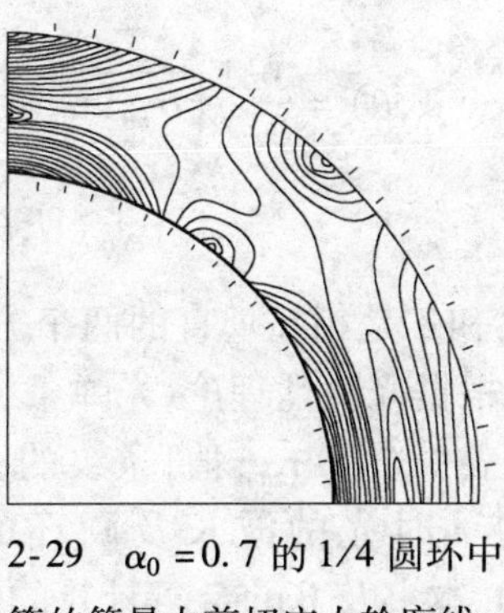

图 2-29 $\alpha_0=0.7$ 的 1/4 圆环中计算的等最大剪切应力轮廓线，应力步长 $0.62F/\pi WR$

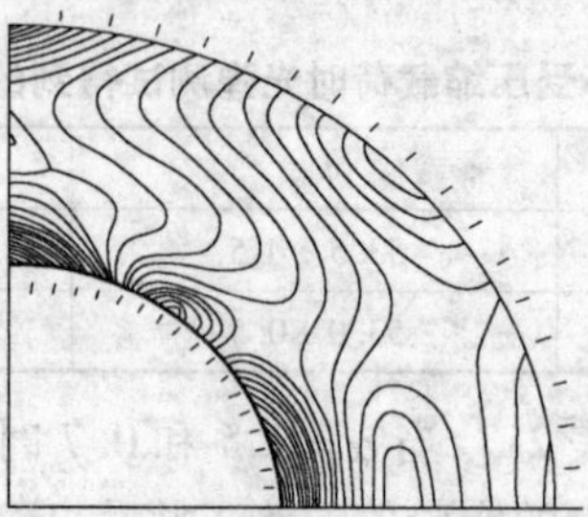

图 2-30　$\alpha_0=0.5$ 的 1/4 圆环中等最大切应力轮廓线，

应力步长 $0.22F/\pi WR$

处不仅 $\tau_{\max}=0$，而且主应力 p 和 q 以及周向应力都为 0，内外壁奇点的相反的歧化移动是圆环中存在附加压缩的一个证据。

圆环受沿直径方向二相反力时的应力计算是平面应变场的一个典型问题，下面各式适用：

$$p(\alpha,\theta)=\frac{1}{2}[\sigma_{\theta\theta}(\alpha,\theta)+\sigma_{rr}(\alpha,\theta)]+\frac{1}{2}\sqrt{[\sigma_{\theta\theta}(\alpha,\theta)-\sigma_{rr}(\alpha,\theta)]^2+4\sigma_{r\theta}^2(\alpha,\theta)}$$

$$q(\alpha,\theta)=\frac{1}{2}[\sigma_{\theta\theta}(\alpha,\theta)+\sigma_{rr}(\alpha,\theta)]-\frac{1}{2}\sqrt{[\sigma_{\theta\theta}(\alpha,\theta)-\sigma_{rr}(\alpha,\theta)]^2+4\sigma_{r\theta}^2(\alpha,\theta)}$$

$$\tau_{\max}(\alpha,\theta)=\frac{1}{2}\sqrt{[\sigma_{\theta\theta}(\alpha,\theta)-\sigma_{rr}(\alpha,\theta)]^2+4\sigma_{r\theta}^2(\alpha,\theta)}$$

或
$$\tau_{\max}(\alpha,\theta)=\frac{p-q}{2}$$

式中，p 和 q 是相互垂直的两个方向上的主应力；$\tau_{\max}$ 是最大的切应力。根据光弹性理论，光弹条纹是等最大切应力的轮廓线，每一条纹代表一个等 $\tau_{\max}$ 值，条纹的级数 $n=\tau_{\max}/\chi$，指数 χ 取决于光弹性测试时光的波长及圆环的材料和硬度。奇点处 $n=0$，$\tau_{\max}=0$。本书及 Batista 等计算的周向应力的比较见表 2-8。

表 2-8 本书及 Batista 等计算的周向应力的比较（$2F/\pi RW$ 为单位）

环厚 α_0	本书计算结果				Batista 计算结果			
	外壁		内壁		外壁		内壁	
	$\theta=\frac{\pi}{2}$	$\theta=0$	$\theta=\frac{\pi}{2}$	$\theta=0$	$\theta=\frac{\pi}{2}$	$\theta=0$	$\theta=\frac{\pi}{2}$	$\theta=0$
0.95	-1150.4	641.0	1190.5	-695.2	-1111.6	641.3	1181.7	-695.6
0.90	-275.45	149.37	295.5	-176.5	-256.1	149.7	290.8	176.9
0.85	-184.85	61.61	130.53	-79.74	-104.3	61.94	127.2	-80.13
0.80	-62.950	32.00	73.06	-45.63	-53.36	32.32	70.36	-46.03
0.75	-38.450	18.81	46.60	-29.74	-30.82	19.12	44.27	-30.16
0.70	-25.448	11.91	32.30	-21.06	-19.13	12.21	30.22	-21.50
0.65	-17.294	7.913	23.75	-15.80	-12.41	8.20	21.82	-16.36
0.60	-12.945	5.426	18.24	-12.38	-8.27	5.71	16.42	-12.86
0.55	-9.703	3.793	14.51	-10.03	-5.58	4.06	12.75	-10.54
0.50	-7.441	2.677	11.88	-8.354	-3.76	2.93	10.16	-8.90
0.45	-5.811	1.889	9.983	-7.126	-2.503	2.12	8.26	-7.71
0.40	-4.602	1.318	8.588	-6.211	-1.607	1.532	6.84	-6.85
0.35	-3.690	0.895	7.562	-5.525	-0.960	1.088	5.76	-6.22
0.30	-2.976	0.577	6.825	-5.018	-0.488	0.751	4.93	-5.78
0.25	-2.418	0.333	6.337	-4.664	-0.143	0.495	4.29	-5.47
0.20	-1.970	0.143	6.100	-4.463	0.109	0.304	3.80	-5.27
0.15	-1.604	-0.008	6.184	-4.454	0.288	0.1650	3.44	-5.13
0.10	-1.297	-0.133	6.851	-4.787	0.408	0.0751	3.19	-5.05
0.05	-1.024	-0.242	9.420	-6.204	0.477	0.0176	3.05	-5.01
0.00	无效				0.5	0	3	-5

2.7 MEMS 单晶元件各向异性正应变的计算

2.7.1 概述

众所周知，晶体具有各向异性，不同方向原子密度不一样。化学反应时，反应速率各向异性。在凹角腐蚀时，原子面密度大的低指数面被显露出来。但面心立方晶体由于其对称性高，通常按各向同性进行应力应变分析。对于金属材料来说，由于它是多晶体，各向异性因积分平均效应而被模糊。当前，纳米技术的兴起以及 MEMS 技术的应用，各向异性问题受到充分重视。因为纳米颗粒或 MEMS 元件已不是多晶体而是单晶。各向异性效应不会因积分而被模糊化。用各向同性有限元计算不符合实际。证实面心立方晶体各向异性应变的最好方法是利用 X 射线衍射实验。X 射线衍射早已应用于应力与应变的测量。根据测定的 X 射线衍射角可计算出衍射面的面间距：

$$d = \lambda / 2\sin\theta$$

比较有无应变时的面间距，可得到应变：

$$e_{\mathrm{hkl}} = \frac{\Delta d}{d} = 1 - \frac{\sin\theta}{\sin(\theta - \Delta\theta)} \tag{2-95}$$

式中，e_{hkl}，Δd，$\Delta\theta$ 分别为(hkl)衍射面的应变和有无应变时的面间距变化和 X 射线衍射角的变化。在相同的单轴应力下，如果不同的(hkl)衍射面测得的应变不同，则说明应变具有各向异性。因此应在单轴应力下，进行 X 射线衍射测量。

2.7.2　在单轴应力下，进行 X 射线衍射实验测量

2.7.2.1　单轴应力的实现

铝是面心立方晶格，通常金属铝是多晶体。我们把它制成一圆环，如图 2-31 所示。当 $\theta = 0°$ 时，切应力 $\sigma_{12} = 0$。当 $r = R(\alpha = 1)$ 时，在外壁上径向应力 $\sigma_{22} = 0$（满足边界法向应力为零）。因此，当 $\theta = 0°$ 时，只存在周向应力 $\sigma_{\theta\theta}(0°) = \sigma_{11}$（设周向为单轴向），这时就满足单轴应力条件。另外，在奇点（$\theta \equiv 50°$）处，无应力和应变。在此两点进行 X 射线衍射实验测量，如图 2-31 所示。

2.7.2.2　X 射线衍射实验

对于多晶体来说，不同晶粒有不同取向。但总有一些晶体，它

们的[200],[220],[111],[311]相互平行,且与单轴平行。又使X射线的入射面与单轴平行,当入射角 θ 满足衍射条件时,相应晶面便发生衍射。

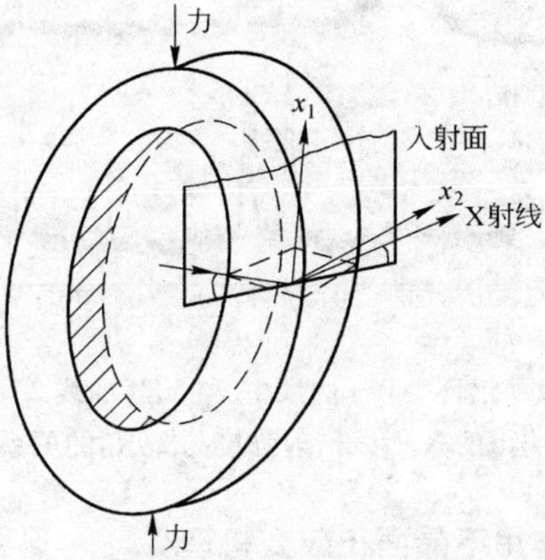

图 2-31 铝环 X 射线衍射布置及坐标示意图

测得入射角 θ,便可利用布喇格公式计算出面间距及其变化。图 2-32 示出圆环方位角为 0°和约 50°时衍射强度与 2θ 关系。表 2-9 中示出了[200],[220],[111],[311]的结果。由表 2-9 可看出,不同晶向应变是各向异性的。面间距大者,应变大,刚度小,但两者也不是严格成正比的,随晶向还有细微的差别。下面对这一结果并作一详细分析,并着重于后者细微的差别的解释。这在于几何原因,因[hkl]与[110]之间有不同的夹角。

表 2-9 铝环不同方位角上受应变衍射角的变化与正应变计算结果

晶面 (hkl)	铝环两个方位上测得的(2θ)角/(°)		晶格面间距计算值/nm		$\theta_{0°}-\theta_{50°}$	晶格面间距差值 $\Delta d_{0°-50°}$ /nm	铝环零度方位上应变值 $\varepsilon_{0°}$ ($\varepsilon_{50°}=0$)	$1/\varepsilon_{0°}$ 以实验应力为单位的刚度
	50	0	50°	0°	$\Delta\theta$/(°)			
111	38.979	38.415	0.23088	0.23749	−0.282	0.00661	0.0286	35.0
200	45.220	44.658	0.20036	0.20520	−0.281	0.00484	0.0242	41.3
220	78.618	78.096	0.12159	0.12296	−0.261	0.00137	0.0113	88.5
311	82.755	82.398	0.11653	0.11736	−0.1785	0.00083	0.0070	143

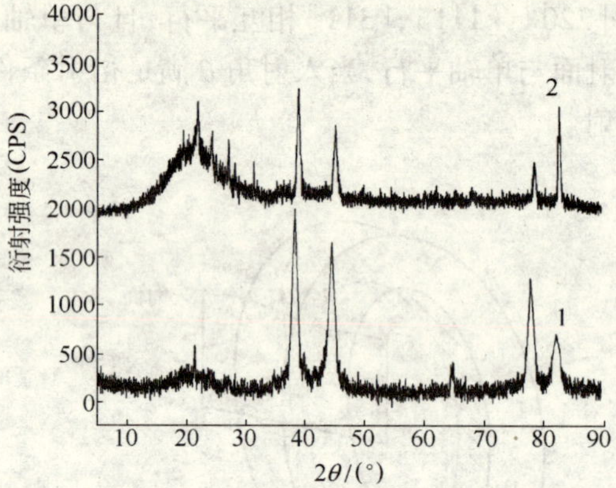

图 2-32 铝环上 0°(曲线 1)和 50°(曲线 2)方位角测得的 X 射线衍射强度与 2θ 角的关系

2.7.3 正应力作用下晶面正应变机理

各向同性胡克定律解释不了不同晶面应变的各向异性的实验结果。下文讨论其机理,但限定于正应变,而不讨论切应变。

2.7.3.1 面心立方晶格的塑性和弹性形变

面心立方晶格的塑性形变由滑移系(滑移面 - 原子密排面{111}和滑移方向 - 原子密排方向〈110〉)确定,本节不作讨论。而弹性形变取决于原子密排方向〈110〉上的原子键(下面以“键”称呼)的伸缩和键角的变化,本节给以讨论。图 2-33 示出面心立方晶格 24 个〈110〉上的原子键以及与(200),(111),(220)和(311)的关系。相应晶面的形变只与相关所挂的键有关。这些键的两端原子应分别在两平行晶面上。其余原子密排方向〈110〉上的键则与晶面的伸缩应变无关。这些键可分为两类:(1)单键,如(111),(220),(311)所挂的键,这时平均每一面上的一个原子挂有一个键。(2)双键,如(200)所挂的键。此时一个原子挂两个键。我们把顶点原子记为 A,而把另一端面心原子记为 B。顶点原子 A 有 12 个键,四面八方分布。对 A 顶点原子上的每一键来说,有很高的对称性,引起键角的变化的刚度也是对称的,不具方

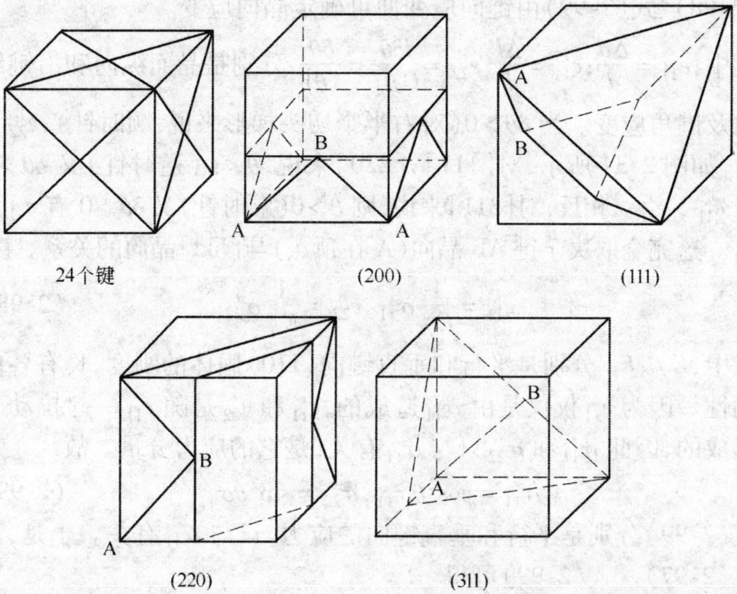

图 2-33 晶面{hkl}和其相关悬挂原子密排方向〈110〉上的原子键关系

向性。对 B 原子上的每一键来说,晶面的伸缩将引起 AB 键伸缩,B 原子移动以及 AB 键键角变化。A 原子上键多,移动难,就将所在晶面看成固定。

2.7.3.2 晶面膨胀和键变形的关系

图 2-34 示出单键情况下(hkl)晶面膨胀和键变形的几何关系。这里和图 2-33 不一样,只考虑半个切头梯形。它由[hkl]晶向和键所组成,键角的变化是各向同性的。由图 2-34 可导出以下关系:

$$\frac{\Delta d}{d}=\frac{\Delta l\cos\theta}{d}-\frac{l\delta\theta}{d}\sin|\theta|=\frac{\Delta l}{l}-\delta\theta\tan|\theta| \qquad (2\text{-}96)$$

式中,d 和 l 分别是(hkl)晶面的面间距和键长;θ 为所考虑的键与[hkl]晶向的夹角;顺时针 $\theta>0$,逆时针 $\theta<0$。于是有

$$e_{11}=e'_{11}-e'_{22}\theta\tan|\theta| \qquad (2\text{-}97)$$

该式由应变几何建立了键向应变与晶向应变间关系,联合式

(2-98)、式(2-99)由键向应变便可确定晶向应变。

式中,$e_{11}=\dfrac{\Delta d}{d}$;$e'_{11}=\dfrac{\Delta l}{l}$;$e'_{22}=\dfrac{l\delta\theta}{l|\theta|}=\dfrac{\delta\theta}{|\theta|}$,分别是晶面纵向和沿键纵向及键角应变。当 $\delta\theta>0$(对右半个切头梯形来说,顺时针),$e'_{22}>0$。如图 2-34 所示,对[111],[220]来说,$\theta<0$(逆时针)又 $\delta\theta>0$ 有 $e_{11}>e'_{11}$。相反,对[311]来说,则 $\theta>0$(顺时针)又 $\delta\theta>0$ 有 $e_{11}<e'_{11}$。这完全取决于键 AB 晶向(A 在顶点)与[hkl]晶向的关系。设

$$e'_{11}=\frac{1}{E_{/\!/}}\sigma'_{11},e'_{22}=\frac{1}{E_{\perp}}\sigma'_{22} \tag{2-98}$$

式中,$E_{/\!/}$、$E_{\perp}$ 分别是平行和垂直键向⟨110⟩固体的刚度,具有各向同性。因为 e_{11} 仅仅是由 σ_{11} 造成的,e'_{11} 和 e'_{22} 是随 e_{11} 一起拉动下形成的,因此 σ'_{11} 和 σ'_{22} 只与 σ_{11} 有关,是它的应力分量。故

$$\sigma'_{11}=\cos^2\theta\sigma_{11},\sigma'_{22}=\sin^2\theta\sigma_{11} \tag{2-99}$$

式(2-99)分别是平行和垂直键向的应力,只与 σ_{11} 有关。于是,由式(2-97)~式(2-99)可得

$$\begin{aligned}e_{11}&=(\frac{1}{E_{/\!/}}\cos^2\theta-\frac{1}{E_{\perp}}\theta\tan|\theta|\sin^2\theta)\sigma_{11}\\&=(\cos^2\theta-\frac{E_{/\!/}}{E_{\perp}}\theta\tan|\theta|\sin^2\theta)\frac{1}{E_{/\!/}}\sigma_{11}\end{aligned} \tag{2-100}$$

式中,与$\dfrac{1}{E_{/\!/}}\cos^2\theta$ 有关项是 σ_{11} 引起键拉伸的方向因子项,第二项是 σ_{11} 引起键角变化项。假设 $E_{\perp}=100E_{/\!/}$,利用式(2-100)计算(111),(220),(311)晶面的正应变,则与 X 射线衍射实验结果一致。这说明此假设 $E_{\perp}=100E_{/\!/}$ 被实验证明是成立的。前面已指出,以顶点 A 为基点的 AB 键有高对称性,键的横向刚度则无方向性。$E_{\perp}=100E_{/\!/}$ 适用于计算除(200)面外任何晶面的应变。请注意,对[311]晶向,由于 $\theta>0$(顺时针),式(2-100)第二项和图 2-34表明[311]晶向应变比式(2-100)单纯第一项——方向余弦项还小。因此[311]晶向的应变最小。这与实验结果一致。另外,由表 2-10 还可以看出,对[200]晶向,若按式(2-100)计算出的应变归一化值(0.755)及 $\cos^2\theta$ 归一化值(0.75)与实验归一化

值0.846相差很大(见表2-10),不适用于[200]晶向的计算。追究原因是(200)晶面之间每一个原子有两个不同方向的倾斜键,如图2-34所示。因此(200)面拉伸时,B原子的移动受到此两键的限制,使B原子只能沿[200]晶向移动,不能自由垂直与键做横向移动,因为B原子有两个不同方向的相等的横向力作用。如图2-34所示,键1键2分别受张应力 $\sigma'_{11}=\cos^2\theta\sigma_{11}=0.5\sigma_{11}$(单轴时),键相对伸长 $\frac{\Delta l}{l}=\frac{\sigma'_{11}}{E_{/\!/}}=0.5\frac{\sigma_{11}}{E_{/\!/}}$。$\Delta \boldsymbol{l}_1$,$\Delta \boldsymbol{l}_2$ 分别帮助 $\delta\theta_2$,$\delta\theta_1$ 使 $E_{\perp}$ 变小,角变形更易。$\Delta \boldsymbol{l}_1$,$\Delta \boldsymbol{l}_2$ 合成 $\delta d=\sqrt{2}\Delta l$ 变大,纵向膨胀更大。这就说明为什么[200]晶向归一化应变比 $e_{11}=(\frac{1}{E_{/\!/}}\cos^2\theta-\frac{1}{E_{\perp}}\theta\tan|\theta|\sin^2\theta)\sigma_{11}$ 计算值更大。如果取 $E_{\perp}=6.03E_{/\!/}$ 则可满足实验值。因为 $\theta<0$(逆时针),所以(200)晶面相对归一化膨胀应变比(111)和(220)更大。表2-10示出单位单轴应力下计算的应变。由式(2-100)可得到沿⟨110⟩方向的固体刚度:

$$E_{110}=E_{/\!/}=(\cos^2\theta-\frac{E_{/\!/}}{E_{\perp}}\theta\tan|\theta|\sin^2\theta)\frac{\sigma_{11}}{e_{11}}$$

式中,σ_{11} 和 e_{11} 是实验单轴应力[σ_{11}]和相应正应变实验值。

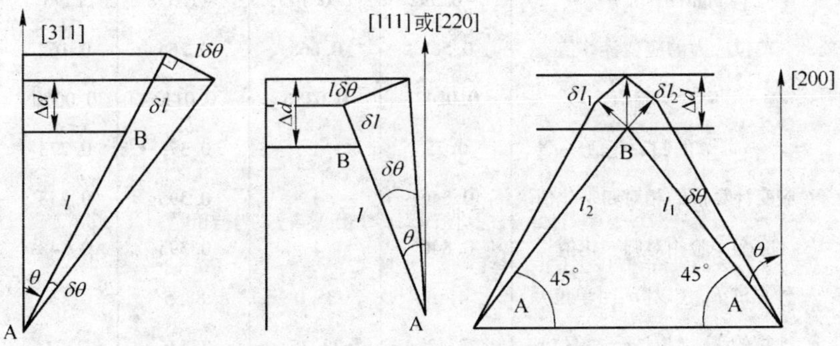

图2-34 晶面膨胀和键变形的关系

取正应变实验值及 $E_{\perp}/E_{/\!/}=100$ 或对[200]取 $E_{\perp}/E_{/\!/}=$

6.05，计算得到 $E_{/\!/} = 23.3[\sigma_{11}]$ 并示于表 2-10 中。例如，对[200]和[111]，分别也有 $E_{/\!/} = 0.565/0.242 = 23.3[\sigma_{11}]$ 和 $E_{/\!/} = 0.668/0.0286 = 23.35[\sigma_{11}]$，其中$[\sigma_{11}]$为实验的单轴应力。如果对任何[hkl]有式 $e_{11} = \frac{1}{E_{hkl}}\sigma_{11}$，则有沿[hkl]方向的刚度：

$$E_{hkl} = \left(\cos^2\theta - \frac{E_{/\!/}}{E_{\perp}}\theta\tan|\theta|\sin^2\theta\right)^{-1} E_{/\!/}\sigma_{11}$$

$$= 23.3 \times \left(\cos^2\theta - \frac{E_{/\!/}}{E_{\perp}}\theta\tan|\theta|\sin^2\theta\right)^{-1}[\sigma_{11}]$$

例如，$E_{200} = 23.3/0.565 = 41.3[\sigma_{11}]$，又 $E_{111} = 23.3/0.668 = 35[\sigma_{11}]$。也就是说，计算值与表 2-10 中实验值一致。故刚度是各向异性的，取决于[hkl]晶向与所挂[110]键之间的夹角 θ。

表 2-10　单轴应力下不同晶向计算出的正应变及 E_{hkl}，$E_{/\!/}$ 与实验值比较

晶　向	(200)	(111)	[220]	[311]
$\theta/(°)$	−45 (0.784)	−35.26 (0.615)	−60 (1.047)	+64.7 (1.13)
$\cos^2\theta$	0.5	0.667	0.25	0.1818
$\sin^2\theta$	0.5	0.333	0.75	0.8182
$\theta\tan\|\theta\|\sin^2\theta$	−0.392	−0.145	−1.358	1.96
单位应力的应变计算值	0.565	0.668	0.264	0.162
应变实验值	0.0242	0.0286	0.0113	0.0070
$\cos^2\theta$ 的归一化值	0.75	1	0.375	0.273
应变计算值的相对归一化值	0.846	1	0.395	0.243
应变实验相对归一化值	0.846	1	0.395	0.243
计算的 E_{hkl}（以$[\sigma_{11}]$单位）	41.3	35.0	88.5	143
计算的 E_{110}（以$[\sigma_{11}]$单位）	23.3	23.35	23.36	23.1

由表 2-10 可看出,以单位纵向应力计算出的正应变值与应变实验值一致,而与单纯 $\cos^2\theta$ 的归一化值不一致。这说明 $E_{\perp}=100E_{/\!/}$ 及 $E_{\perp}=6.03E_{/\!/}$([200]晶向)成立,式(2-100)中第二项解释了这一原因。表 2-10 还示出计算的[hkl]刚度 E_{hkl}(以[σ_{11}]单位)与实验一致,且计算的[110]向刚度 $E_{/\!/}$ 全都一致,为 23.3(以[σ_{11}]单位)。本节机理所推导的公式计算值与实验值完满一致。

2.7.4 不同晶向正应变与正应力间的关系

在一般的应力状态下,先确定基轴系 $\hat{x}_1,\hat{x}_2,\hat{x}_3$ 应力状态 $\hat{\sigma}_{lm}$ 坐标系 $\hat{x}_1,\hat{x}_2,\hat{x}_3$ 和沿所考虑的晶向[hkl]方向的坐标系 x_1,x_2,x_3。其中 x_1 应在所考虑的晶向方向[hkl]上。将应力 $\hat{\sigma}_{lm}$ 转换成沿 x_1,x_2,x_3 的坐标系应力 σ_{ij}:

$$\sigma_{ij}=\sum_{lm}T_{il}T_{jm}\hat{\sigma}_{lm} \tag{2-101}$$

$$\sigma_{11}=T_{11}T_{11}\hat{\sigma}_{11}+T_{12}T_{12}\hat{\sigma}_{22}+T_{13}T_{13}\hat{\sigma}_{33}+2T_{11}T_{12}\hat{\sigma}_{12}+2T_{11}T_{13}\hat{\sigma}_{13}+2T_{12}T_{13}\hat{\sigma}_{23}$$

式中,T 是 $\hat{x}_1,\hat{x}_2,\hat{x}_3$ 与 x_1,x_2,x_3 坐标变换矩阵。所得[hkl]方向上正应力 σ_{11} 可用于计算它沿原子密排键纵、横向相对正应力分量:

$$\sigma'_{11}=\cos^2\theta\ \sigma_{11},\sigma'_{22}=\sin^2\theta\ \sigma_{11}$$

$$e'_{11}=\frac{1}{E_{/\!/}}\sigma'_{11}=1/E_{/\!/}\cos^2\theta\ \sigma_{11},e'_{22}=\frac{1}{E_{\perp}}\sigma'_{22}=1/E_{\perp}\sin^2\theta\ \sigma_{11}$$

$E_{\perp}=100E_{/\!/}$ 是实验确定的与键平行和垂向独立的相对固体刚度,对(200)晶向,取 $E_{\perp}=6.03E_{/\!/}$。$E_{\perp}$ 具有各向同性。再将它们代入由应变几何机理确定的下式:

$$e_{11}=e'_{11}-e'_{22}\theta\tan|\theta|$$

便可计算所考虑晶向[hkl]的正应变 e_{11}。这里的 θ 角是所考虑晶向[hkl]与相关原子密排键之间的夹角。另外,对任何[hkl]有式 $e_{11}=\frac{1}{E_{hkl}}[\sigma_{11}]$,[$\sigma_{11}$]是沿[hkl]的正应力,则沿[hkl]方向的刚度

E_{hkl}由表2-10可取。下面以一例,计算基轴系单轴应力 $\hat{\sigma}_{11}$ 和 $\hat{\sigma}_{22}$ 两种情况下[111]晶向的应变。此时 $\hat{x}_1,\hat{x}_2,\hat{x}_3$ 和 x_1,x_2,x_3 的坐标变换矩阵 [T]为: $T=\begin{bmatrix}1/\sqrt{3} & 1/\sqrt{3} & 1/\sqrt{3}\\ l_2 & m_2 & n_2\\ l_3 & m_3 & n_3\end{bmatrix}$

其中 $T_{11}=T_{12}=\cos\alpha=1/\sqrt{3}$。在单轴应力 $\hat{\sigma}_{11}$ 情况下[111]晶向的应力为:

$$\sigma_{11}=T_{11}T_{11}\hat{\sigma}_{11}+T_{12}T_{12}\hat{\sigma}_{22}+T_{13}T_{13}\hat{\sigma}_{33}+2T_{11}T_{12}\hat{\sigma}_{12}+2T_{11}T_{13}\hat{\sigma}_{13}+2T_{12}T_{13}\hat{\sigma}_{23}=T_{11}T_{11}\hat{\sigma}_{11}=1/3\ \hat{\sigma}_{11}$$

在单轴应力 σ_{22} 情况下[111]晶向的应力为:

$\sigma_{11}=T_{11}T_{11}\hat{\sigma}_{11}+T_{12}T_{12}\hat{\sigma}_{22}+T_{13}T_{13}\hat{\sigma}_{33}+2T_{11}T_{12}\hat{\sigma}_{12}+2T_{11}T_{13}\hat{\sigma}_{13}+2T_{12}T_{13}\hat{\sigma}_{23}=T_{12}T_{12}\hat{\sigma}_{22}=1/3\ \hat{\sigma}_{22}$,又 $\hat{\sigma}_{11}=\hat{\sigma}_{22}$,两种情况下[111]晶向的纵向应力相同,这表明[111]晶向的三重对称性。下面计算相关〈110〉键的纵、横向应力:

$$\sigma'_{11}=\cos^2\theta\ \sigma_{11}=0.667\sigma_{11}=0.222\hat{\sigma}_{11}$$

$$\sigma'_{22}=\sin^2\theta\ \sigma_{11}=0.333\sigma_{11}=0.111\hat{\sigma}_{11}$$

这里的 θ 角是所考虑晶向[111]与相关原子密排键之间的夹角(35.28°)。两种情况下[111]晶向的纵向应变

$$e_{11}=e'_{11}-e'_{22}\theta\tan|\theta|=\left(\frac{1}{E_{/\!/}}\cos^2\theta-\frac{1}{E_{\perp}}\theta\tan|\theta|\sin^2\theta\right)\sigma_{11}=\frac{1}{3}\left(\frac{1}{E_{/\!/}}\cos^2\theta-\frac{1}{E_{\perp}}\theta\tan|\theta|\sin^2\theta\right)\hat{\sigma}_{11}=1/3(0.668)\hat{\sigma}_{11}/E_{/\!/}=0.223\hat{\sigma}_{11}/E_{/\!/}$$

式中,θ 是[111]与[110]之间的夹角。而按各向同性计算出的在单轴应力 $\hat{\sigma}_{11}$ 情况下[111]晶向的正应变为:

$$e_{111}=\cos^2\alpha\ \hat{\sigma}_{11}1/E=0.3333\hat{\sigma}_{11}1/E$$

式中,E 为各向同性刚度模量;$\alpha=54.74°$是[111]与[100]之间的夹角。各向同性计算与各向异性计算的差别在于弹性刚度的差别。本节只讨论晶向的正应变与正应力的关系,未讨论切应变的各向异性问题。

3 硅 MEMS 元件的化学腐蚀微机械加工

3.1 概况

硅片的腐蚀工艺历史源远流长,早在 20 世纪 60 年代便出现硅片的化学抛光、腐蚀与减薄工艺。例如有 White 腐蚀液($HF:HNO_3=1:3$),用于硅片抛光。之后随着晶体中位错、层错的显示又有相应的腐蚀液,例如有 Dash、Sirtl、Seco、Wright 腐蚀液及其改进的配方。80 年代严重影响硅单晶的漩涡缺陷受到人们重视,又出现以铬酸和 HF 为基础的微缺陷显示液。此外,还有显示晶向的各向异性碱性腐蚀液(NaOH 或 KOH 水溶液),以及显示晶体生长条纹的腐蚀液。

最重要的是从 20 世纪七八十年代起,集成电路由大规模向超大规模方向发展。计算机的容量不断扩充,应用越来越广泛。为了适应这种情况,对各类敏感器件、传感器、执行器的需求越来越大。为了寻求低成本、大批量生产高性能、更小型化的元器件,于是将硅片的腐蚀工艺与集成电路工艺结合起来,产生了硅的微机械加工,从而把单纯的腐蚀工艺提高为一种崭新的加工制造技术。主要包括在硅晶体中或表面制造出各种微细圆孔、方孔、锥孔、沟槽、台阶、锥体、薄膜、悬臂梁、微桥、小岛等几何结构。目前硅及其他材料的微机械加工正方兴未艾,得到蓬勃的发展。许多奇妙的传感器和执行器都是利用它制备出来的;例如加速度传感器中的悬臂梁和悬膜、压力传感器中的方膜、长方膜正是利用各向异性腐蚀得到的。利用微机械加工技术得到的执行器更是种类繁多。例如可以制备出:(1)微型泵,可为计算机打印设备提供微型喷墨嘴;(2)硅片贮墨水槽;(3)转子尺寸仅为 50μm 的微型电机;(4)微型静电开关;(5)触觉传感器;(6)集成光栅排列;(7)尺寸仅为 3mm × 4mm × 0.8mm 的扬声器;(8)直径仅为 400μm 的齿轮;(9)更为新奇的是利用集成电路工艺技术已制备出蚂蚁大小的微型机器人；它还能行走和推动齿轮转动。进入 90 年代后，不仅利用微机械加工技术制备出常规无法想象的上述这些执行器，而且还将计算机模拟技术应用于腐蚀过程，可利用模拟结果设计出各种形状掩膜，从而大大减少实验摸索，迅速得到所需要的腐蚀结构。

3.2　湿化学腐蚀

腐蚀过程可以分为干法和湿法腐蚀，干法腐蚀以气体作为腐蚀介质，例如在高温下用 HCl 进行硅表面的气相腐蚀。其主要反应如下：

$$Si + 4HCl \xrightarrow{1200^\circ C} SiCl_4 + 2H_2$$

能起到气相抛光和去除表面损伤以及金属杂质作用。此外等离子腐蚀也属于干法腐蚀，也是以气体作为腐蚀介质，此时气体被电离或被激发成为等离子。干法腐蚀已在微机械加工中得到应用。例如有反应离子刻蚀技术（RIE）。可以刻蚀出深度大于 40μm，宽度只有 2μm 的深沟结构。用射频感应耦合（RFIC）等离子腐蚀可以达到 6μm/min 以上的腐蚀速率，硅和二氧化硅的腐蚀速率比达到 150:1，硅和光刻胶的腐蚀速率比为 50:1，而且各向异性好。刻蚀深度甚至可以达到 500μm，刻穿整个硅片。

湿法腐蚀是指材料在电解质水溶液中的腐蚀。如果没有外电源就称为电化学腐蚀。如果有外加电源，则称为电解腐蚀。一般被腐蚀的样品放在阳极，又称为阳极腐蚀。

腐蚀过程又可分为各向同性和各向异性腐蚀，取决于被腐蚀的材料、腐蚀液的成分和腐蚀过程。若样品表面有掩膜并在其上开出一个合适的窗口，腐蚀时前者不仅在窗口垂直方向出现腐蚀，在窗口的侧向即掩膜下面也出现腐蚀，往往形成半圆形蚀坑。后者在掩膜下面不出现腐蚀，往往形成一定棱角的蚀坑。图 3-1 示出各向同性和各向异性腐蚀结构。

湿法腐蚀在压力传感器制造中得到广泛的应用。表 3-1 示出各种材料适用的腐蚀剂和相应的腐蚀速率。

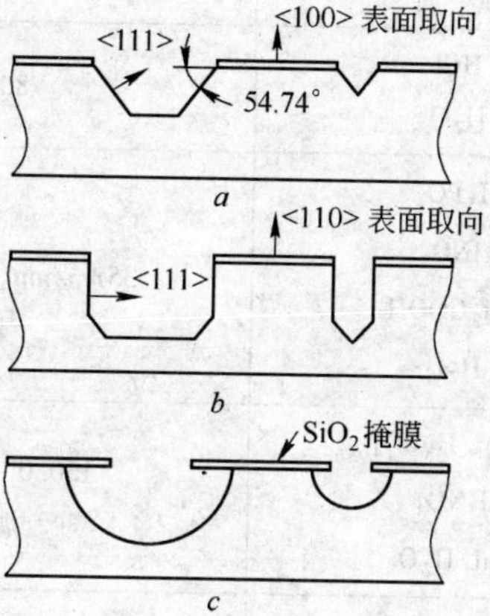

图 3-1　各向异性(a,b)和各向同性(c)腐蚀结构

表 3-1　各种材料的腐蚀剂和腐蚀速率

材料	腐蚀剂	备注	
SiO_2	NH_4F 150g HF(40%) 70mL H_2O 150mL	23℃时0.1μm/min	
Si_3N_4		LPCVD	PECVD
	49% HF 23℃	8.0nm/min	150~300nm/min
	85% H_3PO_4 155℃	1.5nm/min	10.0~20.0nm/min
	85% H_3PO_4 180℃	12.0nm/min	60.0~100.0nm/min
多晶硅	6mL HF 100mL HNO_3 40mL H_2O	800nm/min,边缘平整	
	1mL HF 26mL HNO_3 33mL CH_3COOH	150.0nm/min	

续表 3-1

材料	腐蚀剂	备注
铝	1mL HCl 2mL H_2O	80℃，细线
	4mL H_3PO_4 1mL HNO_3 4mL CH_3COOH 1mL H_2O	35nm/min，细线，腐蚀 GaAs
	16～19mL H_3PO_4 1mL HNO_3 0～4mL H_2O	150.0～250.0nm/min 腐蚀 GaAs
	0.1M $K_2Br_4O_7$ 0.51M KOH 0.6M $K_3Fe(CN)_6$	1μm/min，腐蚀时无气体逸出
金	3mL HCl 1mL HNO_3	25～50μm/min
	4g KI 1g I_2 40mL H_2O	0.5～1μm/min
银	1mL NH_4OH 1mL H_2O_2 4mL CH_3OH	360.0nm/min，腐蚀后快速清洗
铜	70mL H_2O + 30g$FeCl_3$ 标准铜腐蚀液，50℃	7μm/min
铬	1mL HCl 1mL 甘油	80.0nm/min
	1mL HCl 9mL 饱和 $CeSO_4$ 溶液	80nm/min
	1mL(1g NaOH + 2mL H_2O) 3mL(1g $K_3Fe(CN)_6$ + 3mL H_2O)	25.0～100.0nm/min

续表 3-1

材料	腐蚀剂	备注
钼	5mL HNO_3 2mL HNO_3 4mL CH_3COOH 150mL H_2O	0.5μm/min
	5mL H_3PO_4 3mL HNO_3 2mL H_2O	抛光腐蚀
	11g $K_3Fe(CN)_6$ 10g KOH 150mL H_2O	1μm/min
钨	34g KH_2PO_4 13.4g KOH 33g $K_3Fe(CN)_6$ 用水稀释至1L	160.0nm/min
铂	3mL HCl 1mL HNO_3	20μm/min,在腐蚀之前在HF中浸泡30s
	7mL HCl 1mL HNO_3 8mL H_2O	40.0~50.0nm/min,85℃
钯	1mL HCl 10mL HNO_3 10mL CH_3COOH 4g KI 1g I_2 40mL H_2O	100.0nm/min

3.2.1 电化学腐蚀机理

构成电化学腐蚀需要具备以下条件:

(1)被腐蚀的半导体各部分或区域之间存在电位差，即构成阳极和阴极：电极电位低的是阳极；电极电位高的是阴极。阳极被腐蚀溶解。图 3-2 示出 n－Si 和 p－Si 在各种腐蚀液中的电极电位。n－Si 比 p－Si 电极电位低，n－Si 优先被腐蚀，重掺杂的 p－Si 电极电位高，往往具有腐蚀自停止作用。

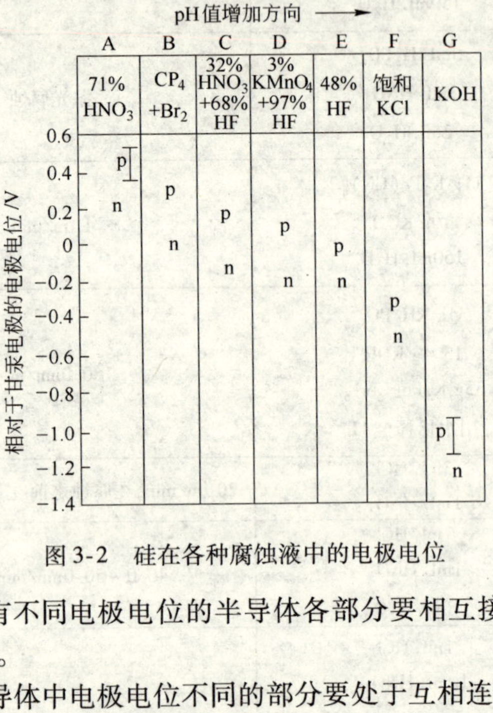

图 3-2　硅在各种腐蚀液中的电极电位

(2)具有不同电极电位的半导体各部分要相互接触，或在电学上相连接。

(3)半导体中电极电位不同的部分要处于互相连通的电解质溶液中，以构成微电池作用而受腐蚀。硅单晶在 HNO_3 和 HF 酸性溶液中的电化学反应如下：

阳极反应

$$Si + 2H_2O + 2P \longrightarrow SiO_2 + 4H^+ + 2e$$

$$\xrightarrow{+6HF} H_2SiF_6 + 2H_2O \qquad (3\text{-}1)$$

HF 的作用是使阳极反应产物 SiO_2 溶解掉，不然所生成的 SiO_2 就会阻碍硅与水的电极反应。

阴极反应 $HNO_3 + 3H^+ \longrightarrow NO\uparrow + 2H_2O + 3P$ (3-2)

HNO_3 是氧化剂,易被 H^+ 还原。上述两个电极反应的总和可以写成为:

$$3Si + 4HNO_3 + 18HF \longrightarrow 3H_2SiF_6 + 4NO\uparrow + 8H_2O \quad (3\text{-}3)$$

如果腐蚀液中缺乏氧化剂,那么在纯 HF 溶液中的阴极反应是氢离子的被还原:

$$2H^+ + 2e \longrightarrow H_2\uparrow \quad (3\text{-}4)$$

氢离子的放电十分缓慢,这就说明,硅在纯 HF 溶液中的腐蚀速率是十分缓慢的。HNO_3 可以用其他氧化剂代替。例如可以在 HF 中加入 Cr_2O_3。

硅单晶在碱性溶液中的电化学与酸性溶液中的不一样:

阳极反应 $Si + 6OH^- \rightleftharpoons SiO_3^{2-} + 3H_2O + 4e$ (3-5)

阴极反应 $2H^+ + 2e \rightleftharpoons H_2\uparrow$ (3-6)

阴、阳极反应之总和为:

$$Si + 6OH^- + 4H^+ \rightleftharpoons SiO_3^{2-} + 3H_2O + H_2\uparrow \quad (3\text{-}7)$$

由于阴极反比极为缓慢,硅单晶在 KOH 或 NaOH 溶液中的腐蚀速率比 $HNO_3 + NF$ 中慢得多。若要增加腐蚀速率,则可以加入某种中性或碱性氧化剂,如 H_2O_2、NaClO,并进行加热。

3.2.2 影响腐蚀速率的因素

3.2.2.1 电极电位

电极电位除了与硅单晶的型号有关以外,还与其电阻率有关。图 3-3 中示出硅单晶 90% HNO_3 + 10% HF 溶液中的电极电位与空穴浓度的关系。

3.2.2.2 腐蚀液的成分

硅在 HF 和 HNO_3 溶液中的腐蚀速度与溶液的成分关系曲线如图 3-4 所示。可以看出,腐蚀液成分相当于电化学反应的化学当量比时,腐蚀速度最快。图 3-5 示出(100)硅的腐蚀速率与 KOH 浓度的关系。可以看出 KOH 浓度为 15% ~20% 时腐蚀最快。

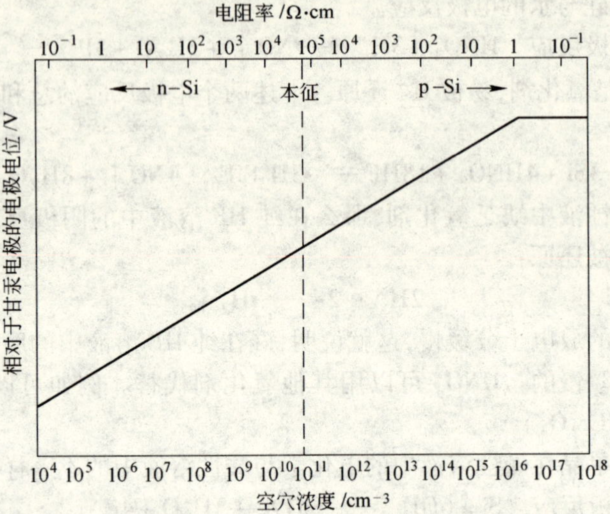

图 3-3 硅在 90% HNO_3 + 10% HF 中的电极电位

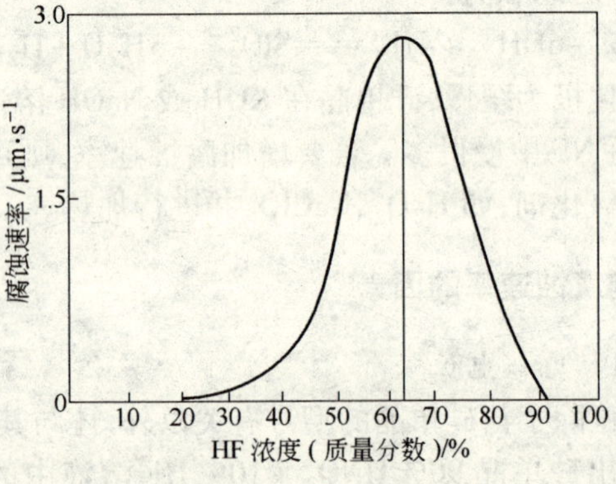

图 3-4 硅在 70% HNO_3 + 49% HF 混合液中的腐蚀速率与腐蚀液成分关系

乙二胺－邻苯二酚的水溶液（EPW）为碱性腐蚀液。因腐蚀表面光亮，可用 SiO_2 作掩膜，广泛地应用于压力传感器的弹性膜酌腐蚀制备。

硅在 EPW 中的电化学反应为

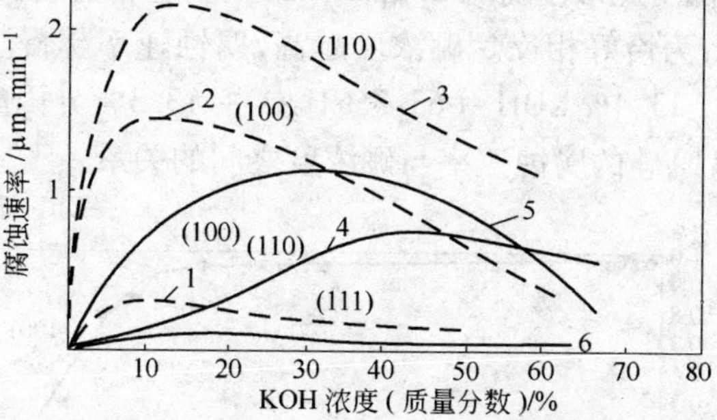

图 3-5 硅(100)、(110)面腐蚀速率与 KOH 浓度的关系

1、2、3—纯 KOH 水溶液;4、5、6—加异丙醇

阳极反应 $Si + 2(OH)^- + 4H_2O \longrightarrow Si(OH)_6^- + 4H^+ + 4e$

阴极反应 $4H^+ + 4e \longrightarrow 2H_2\uparrow$

阳极反应所需的$(OH)^-$离子来自乙二胺的电离反应：

$$NH_2(CH_2)_2NH_2 + H_2O \longrightarrow NH_2(CH_2)_2NH_3^+ + (OH)^-$$

阳极反应生成的 $Si(OH)_6^-$ 与邻苯二酚起络合反应：

$$Si(OH)_6^- + 3C_6H_4(OH)_2 \longrightarrow [Si(C_6H_4O_2)_3]^- + 6H_2O$$

上述反应的综合：

$$2NH_2(CH_2)_2NH_2 + Si + 3C_6H_4(OH)_2 \longrightarrow$$
$$[NH_2(CH_2)_2NH_2]_2 \cdot [Si(C_6H_4O_2)_3] + 2H_2\uparrow$$

水参与了反应,但反应前后不变。水的含量对腐蚀速率有明显的影响。例如 EPW 的配比为 750mL 乙二胺、120g 邻苯二酚,再加入 100ml 或 240mL 水,在 115℃ 下对(100)硅的腐蚀速率分别为 0.75ml 和 1.25μm/min。

3.2.2.3 硅单晶掺杂浓度的影响

在 $1HF + 3HNO_3 + 8CH_3COOH$ 的酸性腐蚀液中,无论 p 型还是 n 型,重掺杂时腐蚀速率高于轻掺杂的。对 n 型硅,当杂质浓度高于 $8\times10^{18}cm^{-3}$时,腐蚀速率大约为 2.9μm/min,低于此浓度时大约为 0.16μm/min。对 p 型硅,杂质浓度高于 $7\times10^{18}cm^{-3}$时为

$2\mu m/min$，低于此浓度时为 $0.2\mu m/min$。但是 p 型硅在 KOH 溶液中的腐蚀行为恰好相反。硼浓度越高，腐蚀速率越慢。图 3-6 示出，80℃下，23.4% KOH +63.3% H_2O + 13.3% 异丙醇腐蚀液中(100)、(111)硅的腐蚀速率与硼浓度之间的关系。

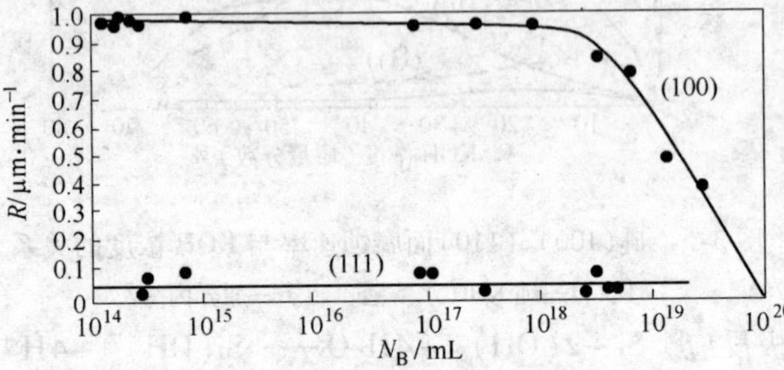

图 3-6　80℃下(100)、(111)硅的腐蚀速率与硼浓度关系

3.2.2.4　晶向的影响

硅单晶(111)面是原子密排面，面上自由键少，化学稳定性高。整个面的腐蚀剥离速度小。

而{100}和{110}面不是原子密排面，面上自由键多，整个面的腐蚀剥离速度大。表 3-2 中给出硅的低指数面的相对自由键密度和在 1mol/L $Cu(NO_3)_2$ +4mol/L NH_4F 中腐蚀速率。

表 3-2　硅的低指数面各向异性腐蚀特性

晶　面	{100}	{110}	{111}
相对自由键密度	1.00	0.71	0.58
腐蚀速率/$\mu m \cdot min^{-1}$	0.185	0.117	0.012

硅单晶在许多碱性腐蚀液中表现明显的各向异性，要腐蚀某一晶面必须有一个最小的能量(电动势)，不同晶面的阈值不同，当反应所供给的能量超过某些晶面的阈值能量而又低于另一些晶面的阈值时，就会发生择优腐蚀，表现各向异性。相反，反应所供给的能量都超过所有晶面的阈值就发生非择优腐蚀，表现各向同

性。硅单晶表现各向异性腐蚀时,所显露的侧面通常是{111}面,它的腐蚀最慢。

3.2.2.5 缓冲剂、稀释剂、防氧化剂的影响

缓冲剂是弱酸或弱碱,如 CH_3COOH 和 NH_4OH 等,在强酸或强碱溶液加入一定的缓冲剂就能起到调节酸度(H^+浓度)和碱度(OH^-浓度)的作用。在 $HNO_3 + CH_3COOH$ 溶液中,因为 CH_3COOH 的电离度小,H^+ 与 CH_3COO^- 离子结合使 H^+ 浓度降低,受到缓冲剂的调节,使腐蚀速率降低。

水无疑是稀释剂。图 3-7 示出 $HNO_3 + HF + CH_3COOH$ 和 $HNO_3 + HF + H_2O$ 三元系组分图中的等速腐蚀曲线。水对降低腐蚀速率比 CH_3COOH 溶液作用大。

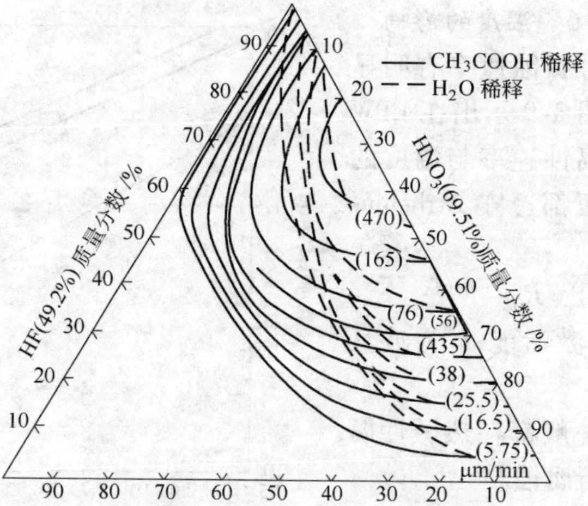

图 3-7 三元系中等速腐蚀曲线

在 $KOH + H_2O$ 腐蚀液中加入异丙醇(IPA),腐蚀速率有所降低,但(100)面与(111)面的腐蚀速率之比却有很大的提高,如图 3-8所示。

在乙二胺 + 邻苯二酚 + H_2O(EPW)腐蚀液中加入吡嗪(对二氮杂苯)具有抗氧化作用,使腐蚀液更耐用持久。图 3-9 中 *a*,*b*,*c*

三条曲线表明加入吡啉后腐蚀速率提高数倍。

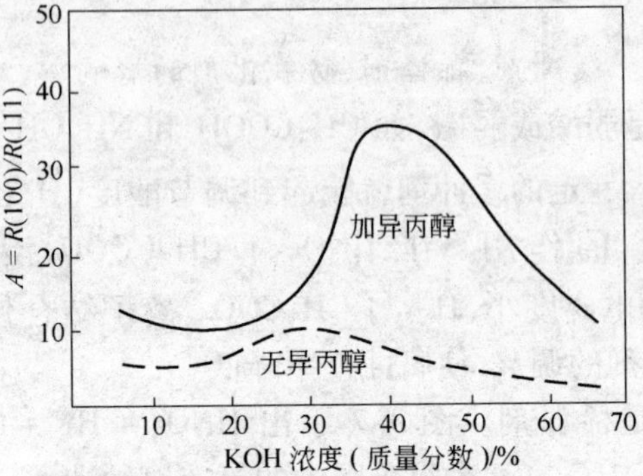

图 3-8　80℃下各向异性蚀速比与 KOH 浓度的关系

3.2.2.6　温度的影响

温度对腐蚀速率有明显的影响。图 3-9 示出在 EPW 腐蚀液中腐蚀速率与温度的关系。一般都遵守 Arrhenius 关系：

$$R(T) = R_0 e^{-E/kT}$$

式中，E 为激活能；k 为玻耳兹曼常数。

因此一般都在热碱性腐蚀液中进行腐蚀。

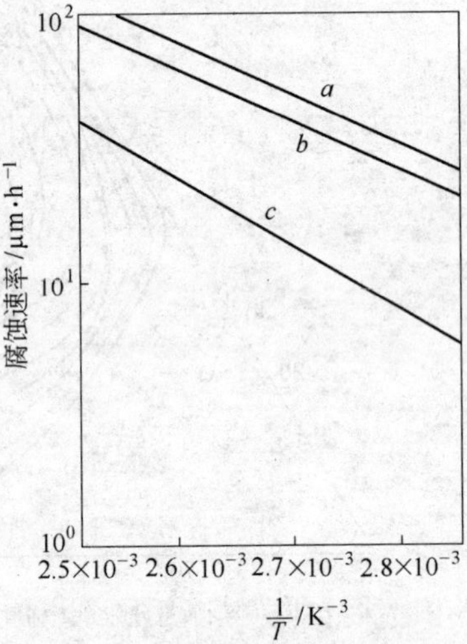

图 3-9　在 EPW 中腐蚀速率吡嗪量与温度的关系
a—2.33g/L；*b*—2.05g/L；*c*—无

3.2.3　阳极腐蚀法

硅单晶在纯 HF 腐蚀液中不受腐蚀，这是因为腐蚀液中缺乏氧化剂的缘故。从电化学腐蚀机理来说，没有相应的阴极反应，不能构成原电池反应，因此腐蚀速率极慢。但是，只要加入少量的 HNO_3 或 H_2O_2，则出现阴极反应，从而与阳极反应一起构成了原电池反应，腐蚀过程才得以进行。如果在稀释5% HF 的水溶液中,将硅单晶接到阳极(正极),又将接到阴极(负极)的铂电极浸入腐蚀液中,并在阳极和阴极之间加上10V 电压,则硅单晶便很快腐蚀,并且有电流流过溶液。硅单晶的阳极腐蚀法中人为加一个铂阴极,从而构成回路。在阳极不断地给硅单晶提供正电荷,正是式(3-1)阳极反应所需的空穴。在铂电极上,出现式(3-4)的阴极反应,不断地有氢气逸出。

在5% HF 的水溶液中 n 型硅阳极腐蚀法只有重掺($3\times10^{18}cm^{-3}$)时才被腐蚀,当掺杂浓度在$2\times10^{16}/cm^3$以下时便不受腐蚀。p 型硅的阳极腐蚀速率较大,随掺杂浓度的减小只有小的降低。快速腐蚀时(低 HF 浓度,高电流密度)得到电化学抛光,缓慢腐蚀时(高 HF 浓度、低电流密度),n 型硅表面会出现多孔硅。

在5% HF 的阳极腐蚀过程中被腐蚀的是重掺n^+层或p^+层。一旦到达n^-层腐蚀过程便自动停止。对n^-/n^+和p^-/n^+、n^-/p^+、p^-/p^+外延结构,将重掺杂层腐蚀掉,保留下n^-和p^-层。对n^-/n^+和p^-/p^+结构,当n^+层腐蚀掉后,表面会形成一层多孔硅。此时可用$1HF + HNO_3 + 4KMnO_4$(体积比)将多孔硅除去,得到光滑的表面。n^-/p^+和p^{--}/p^{++}结构进行阳极腐蚀后表面不光滑。

也可在 KOH 水溶液中进行阳极腐蚀,此时仍保持各向异性腐蚀的特性。在室温和加热(60℃)条件下,阳极腐蚀法均可获得较高的腐蚀速率。

阳极腐蚀时可以利用图3-10 所示的三电极系统。改变硅与甘汞参考电极之间的电势,并可得 $I-V$ 特性曲线。实验发现,无论 n 型还是 p 型硅都可以出现图3-11 所示的特性。随阳极电势增加,电流增加,表明腐蚀加快。但当电势增加到某一V_{PP}值时,电流突然下降,腐蚀过程便停止。称这种现象为电钝化现象,V_{PP}为钝化势。V_{PP}与硅单晶的型号、晶面指数、掺杂浓度有关。电钝化现象可以用来作为 p—n 结的自停止腐蚀。如图3-12 所示,在

n 型硅与参考电压之间加上 n 型硅的钝化势 V_{PP}，因此 n 型硅被钝化而不会被腐蚀。因为 p—n 结是正向偏置的，外加电压主要降落在 p—n 结上，仅有较小的反向漏电流从 n 区流过 p 区，使 p 区电位值保持在其钝化势以下，因此 p 区被正常腐蚀，直至完全被腐蚀掉。到此时 p—n 结被破坏，n 型硅直接与腐蚀液接触。由于外加电压大于 n 型硅的钝化势，n 型硅被钝化，腐蚀便自动停止，最终得到的是 n 型硅膜，称为 p—n 结自停止阳极腐蚀法。这种方法不能用于制备 p 型硅膜，因为在 p—n 结正向偏置下，n 区电位与 p 区电位接近。当 p 区保持在 V_{PP} 以上时，n 型衬底的电位也因大于其 V_{PP} 而钝化不会被腐蚀。

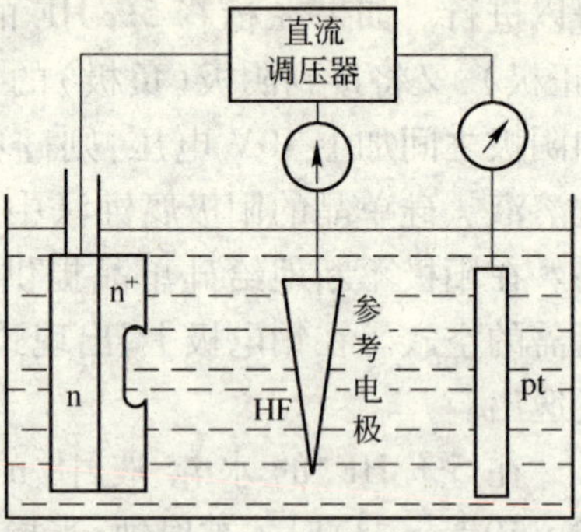

图 3-10　三电极系统

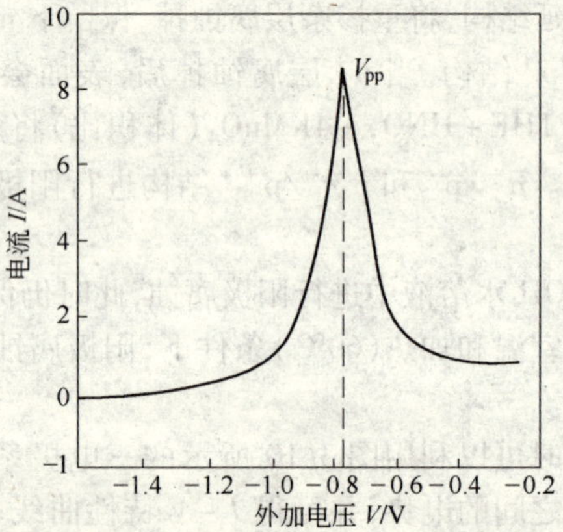

图 3-11　阳极腐蚀过程 $I-V$ 特性

3.2.4　凸角腐蚀及其补偿

{111} 面是腐蚀速率最慢的晶面，各向异性腐蚀时的显露面应是{111}。但是当{111}构成凸角时，凸角处腐蚀液输送传质

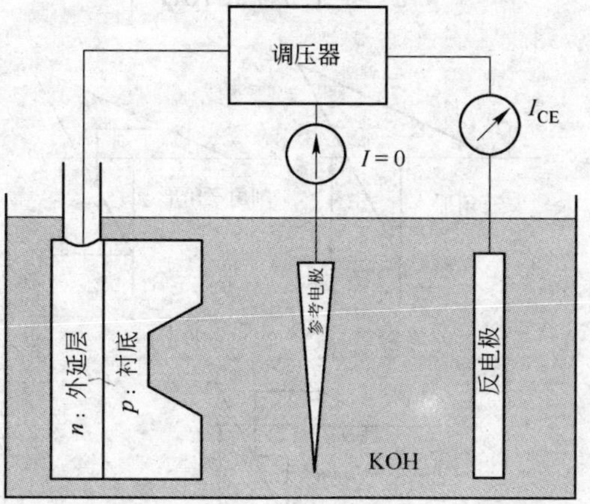

图 3-12 p—n 结自停止阳极腐蚀法

快,腐蚀加速。因此凸角处的显露面往往偏离{111}面,与{111}面之间有一个倾斜角。实验表明,在乙二胺+邻苯二酚的水溶液(EPW)或 KOH+异丙醇的腐蚀液中倾斜面为相近的{212}面。假如被腐蚀的台面的表面为(001)晶面。{111}与(001)晶面的交线沿<110>晶向,例如为[110]和[$\bar{1}$10]晶向,相互垂直。也就是说,假如无凸角腐蚀,可以得到直角的凸角。当出现凸角腐蚀后就变成图 3-13 所示的形状,直角变成了钝角。

{212}面与(001)的交线沿<210>方向。图 3-13 实线是[210]和[$\bar{2}$10]晶向,两者之间的夹角为 126°52′。若希望腐蚀角为预期的直角的话,则必须采用补偿技术,让凸角处事先做出补偿条。图 3-14 示出三种补偿技术可获得相同的效果。图中所示 d 是相对尺寸,与腐蚀深度 H(μm)有关。对 KOH+IPA 腐蚀液,有下述经验公式:

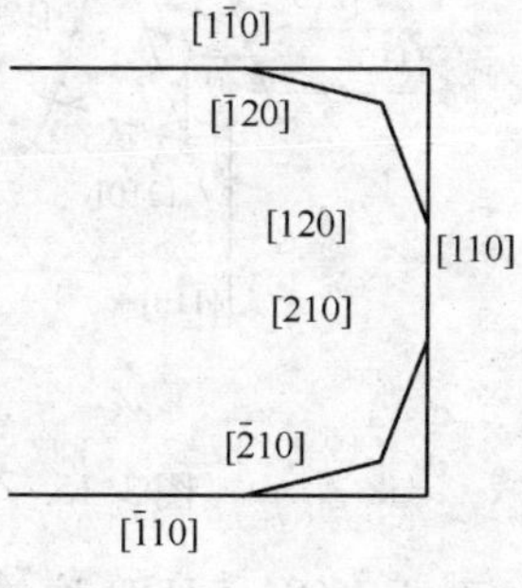

图 3-13 凸角腐蚀现象

$$d = -1.7 + 1.16H$$

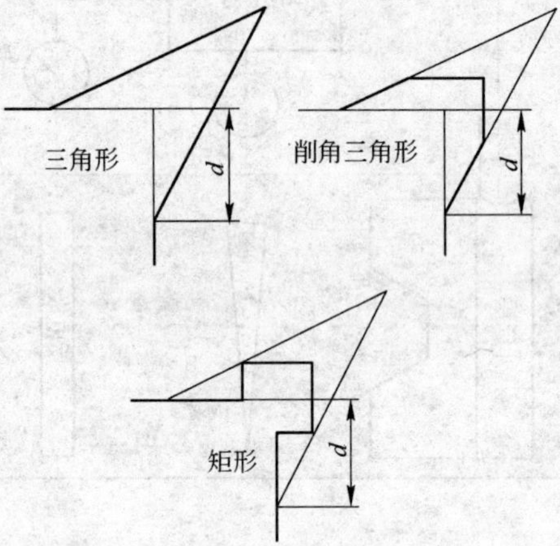

图 3-14　三种补偿技术有相同的效果

对 KOH 腐蚀液有

$$d = 1.2 + 3.12H$$

图 3-15 中示出三角形补偿条在腐蚀过程中各显露面{210}是怎样退缩的,最终得到所期望的直角。

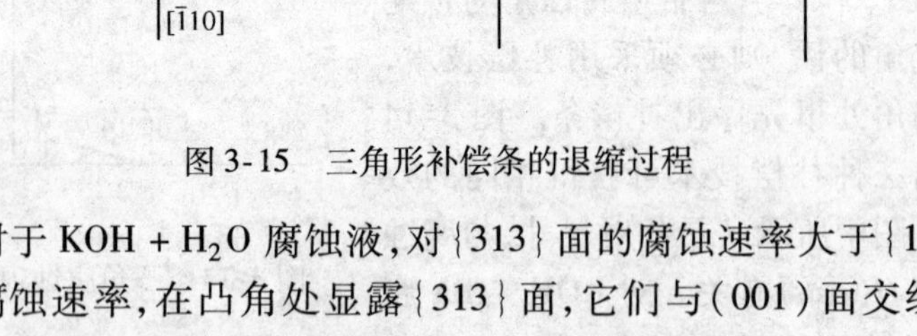

图 3-15　三角形补偿条的退缩过程

对于 KOH + H_2O 腐蚀液,对{313}面的腐蚀速率大于{111}面的腐蚀速率,在凸角处显露{313}面,它们与(001)面交线为<310>晶向。对三角形补偿条有如下经验公式:

$$d = 1.2 + 3.12H$$

$$a = 53°(\text{条的顶角})$$

对条形补偿条有

$$a = 1.2 + 3.32H - 1.494b \quad (0 < b \leqslant 2a)$$

式中，a、b 分别是补偿条的长度和宽度。上述尺寸可供补偿条的掩膜设计用。

在硅片的划片道上通常需要腐蚀出对版标记图形。例如有十字形图形。十字交叉处是一个凸角腐蚀，使其过量腐蚀。为避免出现凸角腐蚀，不应使十字线交叉贯通。

3.2.5 无掩膜 KOH 腐蚀技术

常规掩膜腐蚀只能产生一个台阶，无法产生多层结构。如果首先用图 3-16a 所示的有掩膜腐蚀得到图 3-16b_1 所示的结构，有 $h < W/\sqrt{2}W$（图 3-16b_1）和 $h \geqslant W/\sqrt{2}$（图 3-16b_2）。此后去掉掩膜，由于凸角腐蚀作用，产生{311}显露面。而且{311}面腐蚀比{111}面快，最终取代(111)面。在此之前，图 3-16c 中左边窗口深度一直保持 $W/\sqrt{2}$，而右边大窗口还继续向下腐蚀，两边窗口产生深度差 $h_2 > h_1$，其间形成一个台阶。如果设计好掩膜上窗口之间的距离，可使窗口之间的台阶消除，于是形成三层“梯田”结构。

3.2.6 各向异性腐蚀过程计算机模拟

各向异性腐蚀在微机械加工中占有重要的地位，因为可以通过它制备出各种各样的微结构。腐蚀的原始结构如果简单的话，则人们可以方便地推测出最终的腐蚀结构。当原始结构复杂的话，例如在一个崎角上有若干个台阶和棱，则很难预测最终应是什么样的几何形状。因此期望有一个良好的模拟工具，来充分开发微机械加工的潜力，从而得到精巧的传感器和执行器。各向异性腐蚀计算机模拟就是利用已知的各晶面或各晶向的腐蚀速率以及各种腐蚀效应，模拟不同晶面以不同腐蚀速率后退缩时晶体几何形状的变化，特别注重在棱上新面的出现。

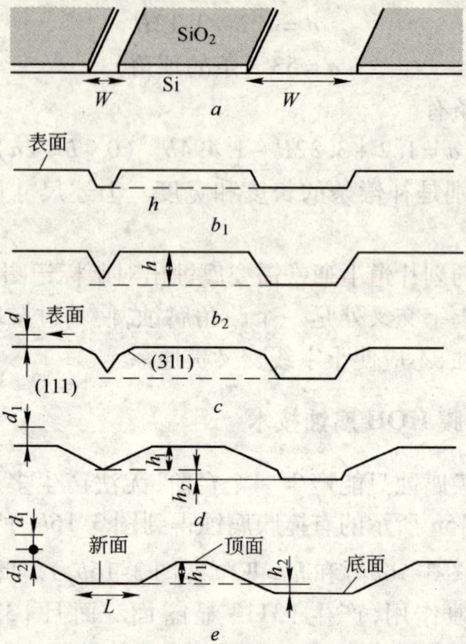

图 3-16　形成三层结构流程示意图

晶体的形状并不是按比例缩小的，取决于起始晶面的角度和大小。随腐蚀过程的进行，有些晶面很快消失，有些扩展成为主要面。甚至还会在先前并不存在的顶点处出现新面。此外，凸角和凹角处又表现出不同的行为。在凸角处，可以突然出现高腐蚀速率的晶面，而在凹角处，慢腐蚀速率的晶面则构成凹角处的斜面。由此可见，要模拟各向导性腐蚀过程，首先要对它进行几何分析、建立模型，最终作为腐蚀时间的函数说明几何形状的变化。

3.2.7　腐蚀过程的几何分析

腐蚀过程的几何分析的基础是主要关键晶向（或晶面）的已知的腐蚀速率。例如，可以画出空间全部关键晶向的腐蚀速率分布图（见图 3-17*a*），然后对相邻晶向作内插得到它的腐蚀速率，从而构成丰满光滑的全腐蚀速率图，称为腐蚀速率极图（图 3-17*b*）。

对于腐蚀过程作几何分析来说,腐蚀速率的倒数似乎更为有用。这与晶体衍射学中倒易点阵概念十分有用一样。Sequin 把腐蚀速

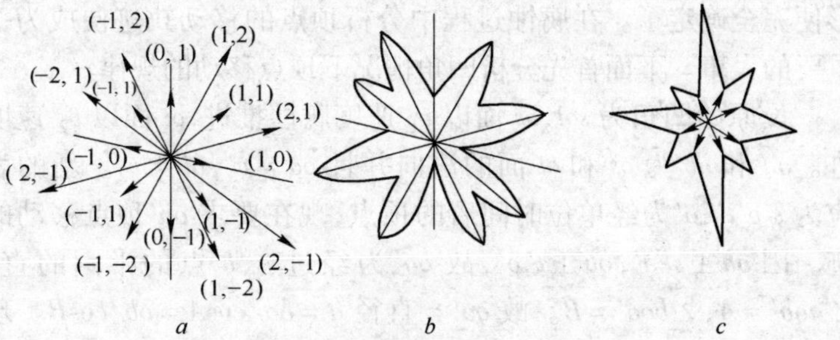

图 3-17　晶体的关键晶向的腐蚀速率(a)、全部晶向极图(b)、迟缓率极图(c)

率的倒数称为迟缓率或慢率,下面文中就这样称呼。表 3-3 中示出简单立方晶格的主要关键晶向的腐蚀速率及其相应的迟缓率值。由腐蚀速率极图可以方便地立即得到迟缓率极图(图 3-17c)。这些工作对计算机来说是轻而易举的事。然后将这些数据存入计算机,需要时可以随时调用。

表 3-3　简单立方晶格关键晶向的腐蚀速率及迟缓率

晶面的法向	腐蚀速率	迟缓率	相对迟缓率
<221>	0.0017	588	1.0
<211>	0.0014	714	1.2
<111>	0.00058	1724	2.9
<210>	0.00046	2174	3.7
<110>	0.00030	3333	5.6
<100>	0.00003	33333	56.0

3.2.7.1　顶点的移动轨迹

几何形状是由点、线、面所构成的,由面可以围成一定的几何形状,面与面之间交线为棱。晶体与纸面割截后,就转化为平面问题。晶体的面与纸面相交为直线,而棱与纸面相交为点。例如图 3-18

所示∠sot 代表凹角处两相交的晶面；o 点代表两面的交棱，对∠sot 来说 o 点称为顶点，对平面几何来说，顶点的位置一旦确定，平面图形便完全确定了。在腐蚀过程中分析顶点的移动轨迹便成为头等重要的大事。下面首先分析凹角情况下顶点移动的规律。

设原始凹角为 sot，os 面以 v_1 速度腐蚀推进，ot 面以 v_2 速度推进。oa 和 ob 为 os 和 ot 面的法向并且 $oa = v_1$，$ob = v_2$。新的表面应为 $s'o't'$，o'为经单位时间后的顶点，现在要求 oo'顶点移动的轨迹。因 $oa \perp s'o'$，$ob \perp t'o'$，故 oo'为经过 a、b 点的半圆的直径。∠$aoo' = A$，∠$boo' = B$。故 oo' = 直径 $d = oa/\cos A = ob/\cos B$。现在 oo'延长线上取 v 点，使 $ov = \frac{1}{d}$。同时作 oa、ob 的延长线，取 $oc_1 = \frac{1}{oa} = \frac{1}{v_1}$，$oc_2 = \frac{1}{ob} = \frac{1}{v_2}$。因为由前面可得$\frac{1}{oa}\cos\alpha = \frac{1}{ob}\cos\beta = \frac{1}{d}$，所以 $oc_1\cos\alpha = oc_2\cos\beta = ov$。

也就是说，v 点是 c_1 和 c_2 点在 ov 上的投影点，因此 c_1c_2v 在同一直线（直角边）上，$ov \perp c_1c_2$。ov 是顶点 o 的轨迹（即 oo'）。于是可以得到重要的结论：凹角腐蚀时顶点移动的轨迹为与 c_1c_2 相垂直的直线 ov。

由原始面 os 和 ot 的法向以及各自的 v_1 和 v_2，找到腐蚀速率的倒数值点 c_1 和 c_2。oc_1 和 oc_2 是该两面的迟缓率矢量（分别与 os 和 ot 面相垂直）。作 c_1c_2 的垂线 ov，便可以得到顶点移动的轨迹。由图 3-18 可以看出，在凹角腐蚀情况下，腐蚀慢的面将扩大而腐蚀快的面将逐渐缩小。

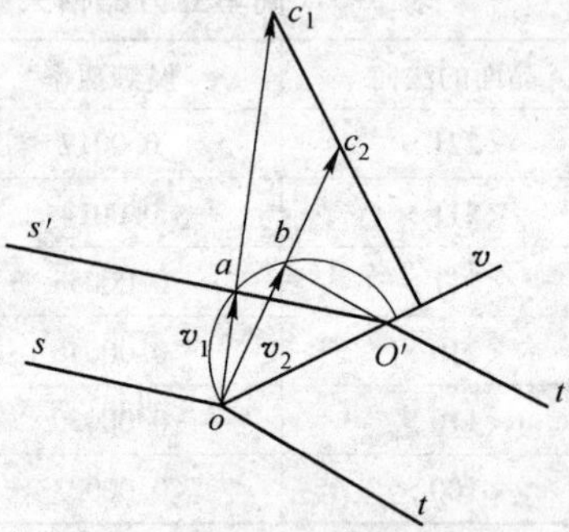

图 3-18　凹角腐蚀情况下顶点的几何关系与移动轨迹

对于凸角腐蚀来说，分析也是类似的。如图 3-19 所示，sot 是初始凸角。os 和 ot 面分别以

速率 v_1 和 v_2 退缩。经单位时间后变成 $s'o't'$。oa 和 ob 分别是由 o 点所作 so 面和 ot 面的法向,并且 $oa=v_1$,$ob=v_2$。abo' 必在同一半圆上。

令

$$oc_1=\frac{1}{v_1},oc_2=\frac{1}{v_2},$$

$$ov=\frac{1}{oo'}=\frac{1}{d}$$

也就是说,oc_1 和 oc_2 分别是 so 和 ot 面的迟缓率矢量。则 c_1c_2v 必在同一直线止,且 $c_1c_2\perp ov$。ov 是顶角移动的轨迹。由图 3-19 可以看出,在凸角腐蚀情况下,腐蚀快的面 ot 将扩大,而腐蚀慢的面将逐渐缩小。这一点与凹角腐蚀情况正好相反。

3.2.7.2 生长面和收缩面

已知顶点的移动轨迹可构建顶点间的各面。只要顶点的轨迹不相交,则总面数不会改变。顶点迹线合拢时,面将收缩,最终消失。迹线发散时则面将扩大,甚至会"吃掉"相邻的面,以迹线的移动是时间的线性函数来确定某一时刻顶点的位置及其坐标,从而可确定晶体的全部显露表面。

3.2.7.3 新面的出现

有时 a、b 两个面之间还会出现 c 面,也就是 c 面会消耗其 ab 两邻近面而显露出来。这种情况可以用图 3-20 来加以说明。图中示出迟缓矢 S_a 和 S_b,S_{ab}与 S_a 和 S_b 连线相垂直。但是 c 面的腐蚀速率比 a、b 面都快,从顶点作 c 面的迟缓矢 S_c,连接 S_a 和 S_c 以及 S_b 和 S_c,再由原顶点分别作 S_a-S_c 和 S_b-S_c 的垂线,则有 S_{ac} 和 S_{bc},S_{ac}点和 S_{bc}点分别代表 ac 面之间和 bc 面之间顶点的移动迹线。可见,c 面将逐渐扩大,这是凸角的情况;在凹角的情况下,c 面应是腐蚀最慢的面。但是当各面之间有相互影响时,c 面也不一定严格是腐蚀最快(凸角情况)或最慢(凹角情况)的面。

3.2.7.4 蒙皮(Hull)的概念

以二维凹角隅为例(图 3-21),可能会有若干个在局部方向上占优势的慢腐蚀面,因而有可能成为显露面。究竟是哪一个面或

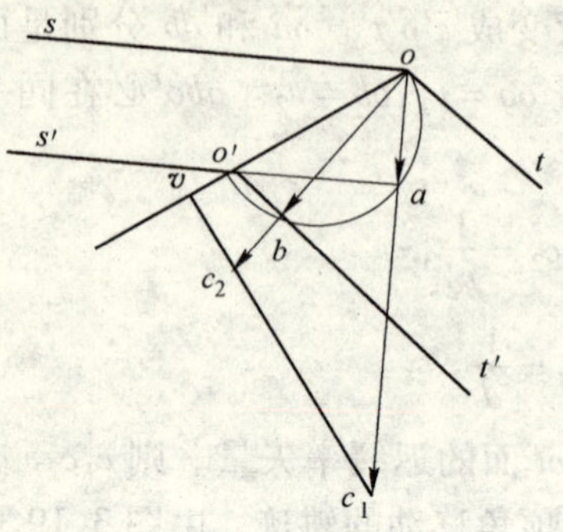

图 3-19　凸角腐蚀情况下的几何关系与顶点的移动轨迹

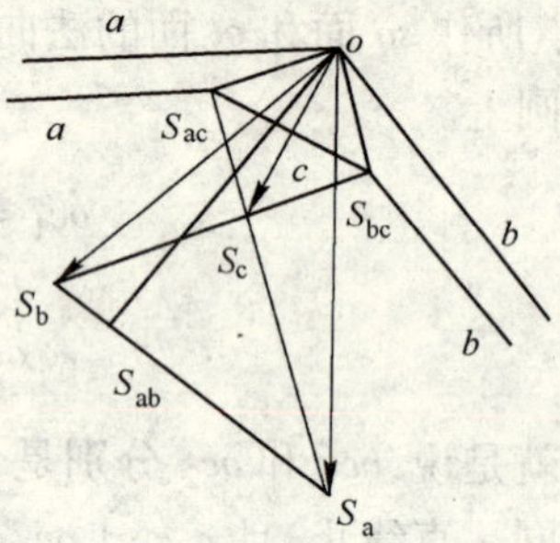

图 3-20　凸角情况下快腐蚀蚀面 c 的显露

哪几个面成为显露面？这就要对这样一个局部角隅环境中的这些邻近面作进一步分析。由晶体的凹角隅顶点分别作 a、b 面的迟缓矢 S_a（$\perp a$ 面），S_b（$\perp b$ 面）以及 a、b 面之间可能出现的一系列慢腐蚀面的相应迟缓矢构成迟缓矢曲线（图中实线所示）。在凹角腐蚀情况下，给迟缓矢图的极大点突尖蒙上蒙皮（图中虚线所示），这好像伞面蒙在其支撑骨架上一样。中间有一短的迟缓矢突尖便不与蒙皮相触。可见蒙皮不是包络面，凸蒙皮上的角点（图 3-21 中 S_c 和 S_d 点）相对应迟缓矢 S_c 和 S_d，便构成凹角腐蚀时两个倾斜的显露面 f_c 和 f_d。因为这两个面的迟缓矢最大，腐蚀速度最慢。对凸角腐蚀来说，也是由顶点作不同晶面法向的迟缓矢，构成迟缓矢曲线。但是给迟缓矢极小点突尖（腐蚀速率最快）蒙上凹皮。凹皮的角点的迟缓矢便对应在凸角处出现腐蚀速率最快面（与相应角点的迟缓矢相垂直）。由此可见，利用蒙皮的概念便可以确定凹角或凸角腐蚀时角隅处的显露面。

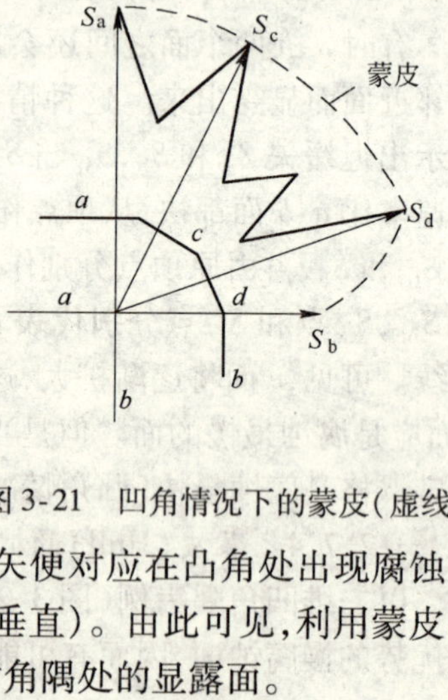

图 3-21　凹角情况下的蒙皮（虚线）

利用蒙皮的概念可以解释两{100}面构成凸角腐蚀时为什么不出现与它们呈 45°角的(110)显露面。按上节新面出现的原则,因(110)面腐蚀快,它会消耗{100}面而出现。

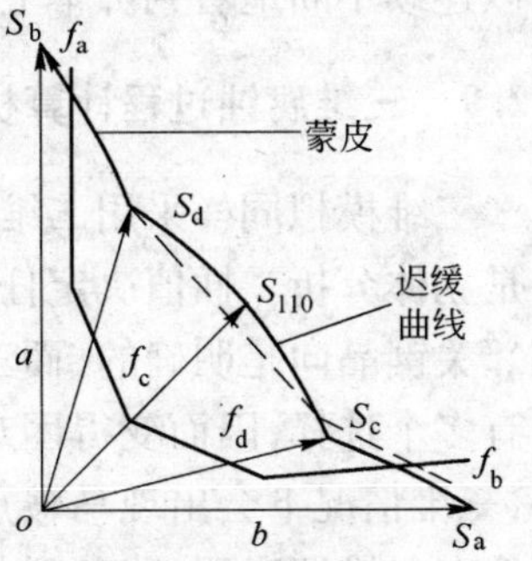

图 3-22 78℃下 KOH 凸角腐蚀时的斜面与蒙皮的关系

图 3-22 中从顶点分别作{100}面的迟缓矢 S_a 和 S_b。同时也作 a、b 面之间的各晶面的迟缓矢。将各迟缓矢突尖连接成迟缓曲线,如图 3-22 中实线所示。(110)面的迟缓矢尖端正好落在迟缓曲线上。然后给迟缓曲线的极小点端尖(对凸角腐蚀)蒙上凹蒙皮(如图上虚线所示)。蒙皮上在 S_c 和 S_b 点上出现凹角。与迟缓矢 S_c 和 S_d 相垂直的晶面为{320}面即 f_c 和 f_d 面成为凸角腐蚀时的显露面。实验测定了 f_c 和 f_d 面与{100}(f_c 和 f_d 面)的夹角为 34°而不是 45°。(110)面的迟缓矢 S_{110} 与蒙皮相交并超出蒙皮。可见{100}面凸角腐蚀时,(110)面不能成为倾斜显露面。

3.2.8 二维腐蚀过程计算机模拟

将关键晶向的腐蚀速率存入计算机的数据库,其他中间晶向的腐蚀速率可以利用关键晶向的腐蚀速率按一定比例内插,然后得到准光滑的腐蚀速率极图。又求出腐蚀速率的倒数,得到迟缓率极图。根据这些资料可以得到任何特定晶面的腐蚀速率及相应的迟缓率。然后利用前面几何分析原理,从晶体原始形状的全部顶点出发进行顶点分析,计算出不同时刻顶点的迹线。于是可得到不同时刻的全部顶点位置,从而构建出晶体的腐蚀轮廓。当顶点迹线相互或与已存在面相交时,这时晶体的轮廓便发生改变,按时间顺序记录下来。再从新的顶点出发,找出顶点的迹线。每时每刻,都可以将晶体的腐蚀轮廓显示在计算机的屏幕上。人们便可以连续不断地看到屏幕上晶体在腐蚀过程中形状的变化。

3.2.9　三维腐蚀过程计算机模拟

三维模拟同样采用二维模拟的基本方法，差别在关键晶向多，又是立体分析。插值决定任意晶向的腐蚀速率时，二维情况下两相邻关键晶向是明确的，而三维情况下两相邻的关键立体晶向可以有多个选择，因而变得困难、数据结构更为复杂，难于执行。此外，三维情况下会出现马鞍点，不能严格区分为凹角隅或凸角隅，不像在二维情况下，凹角隅与凸角隅表现出截然相反的行为。不过，与二维分析一样，利用迟缓率矢量进行三维分析也是方便的。二维分析中迟缓矢构造 2π 极图，而三维分析中构造 4π 立体的极图。但在目前已发表的文选中难以找到 4π 极图的全部关键晶向的腐蚀速率的数据资料。下面对三维模拟作一简单介绍。

3.2.9.1　三面立体角顶点的移动

当晶体的三个晶面在一顶点构成一立体角时，面之间的三个斜棱垂直于面的各迟缓矢顶点之间的弦而变动。而立体角顶点垂直于三个迟缓矢的顶点所构成的唯一弦平面而移动（见图 3-23），其移动速度便是此顶点到该弦平面的法向矢量的长度的倒数。

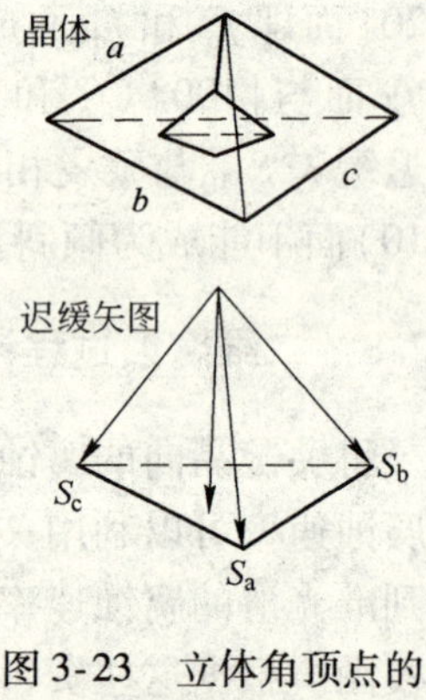

图 3-23　立体角顶点的移动轨迹及迟缓矢图

3.2.9.2　多面立体角顶点的运动

当有三个以上晶面在一顶点构成凸立体角时，相应各面的迟缓矢的顶点一般不在同一平面上。如果迟缓矢顶点构成上凸鼓皮，并可分解成若干小面，鼓皮的每一个小面便确定了顶点的移动轨迹，小面之间的脊棱对应新形成的晶棱。鼓皮角点（此点的迟缓矢最小）将确定一个新显露面，因为此面的腐蚀速率最大。

图 3-24 示出的四面凸锥体，仅当全部迟缓矢顶点位于一个平面时，才保住一个锥顶，否则如图 3-25 所示那样，顶点将分裂为两个锥顶。

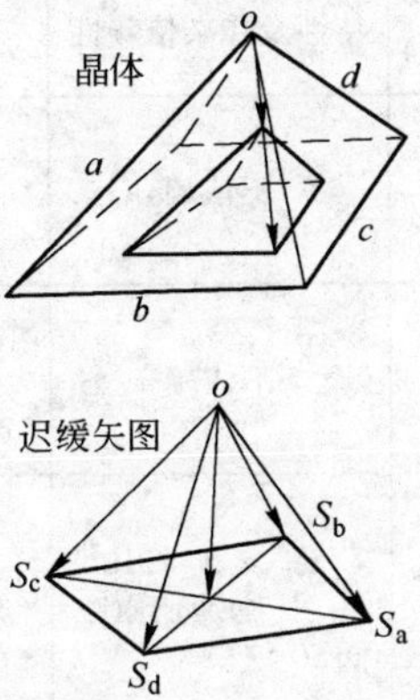

图 3-24　多面立体角顶点的变化

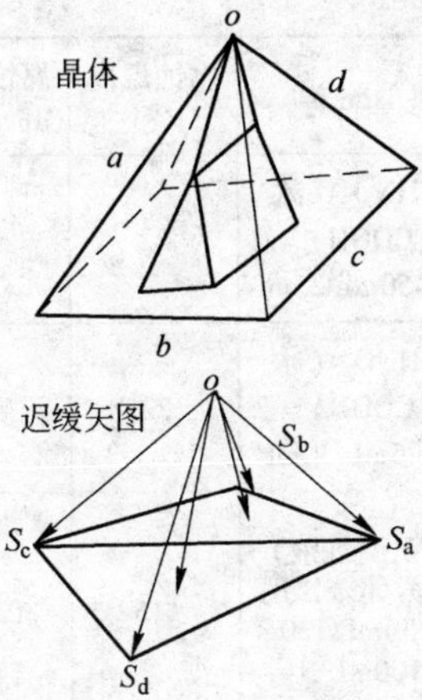

图 3-25　四面凸锥顶点的分裂

3.3　微电子机械元件的压力腔腐蚀工艺

压力传感器的弹性膜可以用研磨方法制备,得到的是圆形膜,费时费工,而且易碎。弹性膜设计成方形、矩形则必须用腐蚀法制备,腐蚀法可分为各向同性和各向异性腐蚀,有时两种腐蚀法先后使用,各向异性腐蚀也可以得到近似圆形的多边形压力腔。腐蚀法生产率高、工艺不复杂,但硅片需用耐腐蚀液的掩膜保护。腐蚀过程一般在氧化、扩散等工艺之后,又在蒸铝和划开芯片之前进行,这样既防止圆片中存在很薄的膜区而在高温加热时变形,又避免腐蚀时铝线的被浸蚀。

3.3.1　常用腐蚀液及其特性

常用腐蚀液的典型配方及其特性见表 3-4。

表 3-4　常用腐蚀液的典型配方及其特性

典型配方	腐蚀温度/℃	腐蚀速率/μm·min^{-1}	速率比(100/111)	特性及掺杂依赖性	掩 膜
HF:HNO_3:(冰 CH_3COOH) = 10mL:30mL:80mL	22	0.7~3.0	1:1	n 型或 p 型掺杂 ≤10^{17}cm^{-3}腐蚀速率降低 150 倍	Si_3N_4 SiO_2 /30nm·min^{-1}

续表 3-4

典型配方	腐蚀温度 /℃	腐蚀速率 /μm · min^{-1}	速率比 (100/111)	特性及掺杂依赖性	掩膜
HF:HNO_3:(冰 CH_3COOH) = 25mL:50mL:25mL	22	40	1:1	不依赖	Si_3N_4
HF:HNO_3:(冰 CH_3COOH) = 9mL:75mL:30mL	22	7.0	1:1	不依赖	Si_3N_4 SiO_2 /70nm · min^{-1}
(EPW 腐蚀液) 乙二胺:邻苯二酚:水 = 750mL:120g:100mL	115	0.75	35:1	硼 ≥ 5 × 10^{18} cm^{-3},腐蚀速率降低 50 倍	SiO_2 Si_3N_4 Cr、Cu
乙二胺:邻苯二酚:水 = 750mL:120g:240mL	115	1.25	35:1	硼 ≥ 5 × 10^{18} cm^{-3},腐蚀速率降低 50 倍	Si_3N_4 SiO_2 Cr、Cu
(EPW + 吡嗪) 乙二胺:邻苯二酚:水:吡嗪 = 510mL:82g:68mL:3g	110	0.7	35:1	硼 ≥ 5 × 10^{18} cm^{-3},腐蚀速率降低 50 倍,阻止沉淀,耐氧化	Si_3N_4 SiO_2 Cr、Cu
KOH:水 = 44g:100mL	85	1.4	44:1 10:1 (图 3-22)	硼 ≥ 5 × 10^{19} cm^{-3} 时腐蚀速率锐减 20 倍	Si_3N_4 SiO_2 /14A · min^{-1}
KOH:水 = 50g:100mL	50	1.0	400:1	硼 ≥ 5 × 10^{19} cm^{-3} 时腐蚀速率锐减 20 倍	Si_3N_4 SiO_2 /14A · min^{-1}
KOH:水 = 20g:80mL 加异丙醇至饱和	80	1.1	33:1 (图 3-22)	硼 ≥ 5 × 10^{19} cm^{-3} 时腐蚀速率锐减 20 倍	Si_3N_4 SiO_2 /14A · min^{-1}
NaOH:H_2O = 10g:100mL	65	0.25 ~ 1.0	2300:1	B ≥ 3 × 10^{20} cm^{-3},腐蚀速率降低 10 倍	Si_3N_4 SiO_2 /7A · min^{-1}
联胺:H_2O = 100mL:100mL	100	2.0	10:1	与掺杂无关(剧毒)	SiO_2 (< 2A /min) Al

续表 3-4

典型配方	腐蚀温度/℃	腐蚀速率/μm · min^{-1}	速率比(100/111)	特性及掺杂依赖性	掩膜
乙醇胺:H_2O = 20 ~ 45mL:H_2O = 20 ~ 55mL	60 ~ 90	0.5	3:1		SiO_2
NH_4OH:H_2O = 3.7mL:96.3mL	75	0.4	25:1	加入少量 H_2O_2 可提高腐蚀速率	
LiOH:H_2O = 10g:90mL	69	0.7		$>1\times10^{20}$ cm^{-3} 硼掺杂腐蚀速率降低 100 倍	
C_sOH:H_2O = 60g:40mL				(110)/(111)腐蚀速率之比 200:1	
TMAH 腐蚀液(四甲基氢氧化氨)$(CH_3)_4NOH$ > 22(质量分数)%	90	1.4	12.5:1 ~ 50:1	自停止于重掺硼层或 p—n 结	SiO_2 Si_3N_4
HF:H_2O = 5 mL:95mL 阳极腐蚀法	室温	与电流有关	各向同性	自停止于轻掺杂层(N_A, $N_D\leqslant2\times10^{16}$ cm^{-3})	Si_3N_4
KOH:H_2O = 33g:100mL 阳极腐蚀法	60 ~ 100	3	各向异性	自停止在 p—n 结	Si_3N_4

3.3.2 硅杯压力腔口掩膜尺寸设计

圆柱形硅杯一般用于研模法制备,得到的是圆形硅弹性膜,图 3-26 所示为先进的研磨制杯设备。圆形膜的应力比边长与其直径相同的方形膜应力小,方形膜和矩形膜更有利于增加压力灵敏度,提高满量程输出。方形膜和矩形膜需要用腐蚀法制备出硅杯。通常或单独用各向异性腐蚀法,或最后再结合各向同性精细腐蚀。因此硅杯压力腔口的尺寸主要由各向异性腐蚀工艺所决定。图 3-27 示出(100)硅片上开出一个压力腔。窗口的宽度为 w,随腐蚀过程进行,可以看到压力腔形状的变化。压力腔的侧壁为{111}显露面,其腐蚀较慢,而[100]晶向即窗口的垂直方向腐蚀

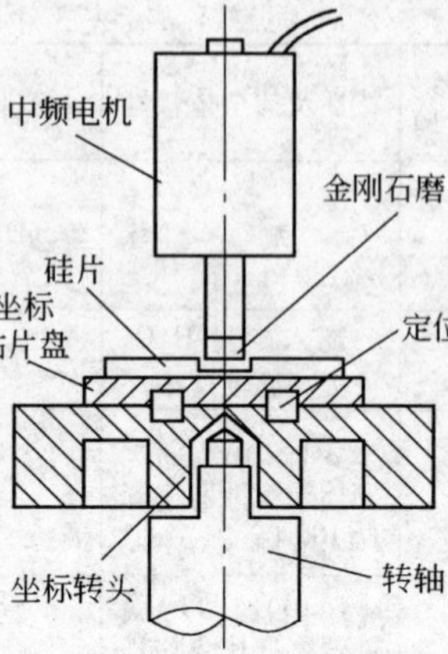

图 3-26　研磨法制备圆柱形硅杯示意图

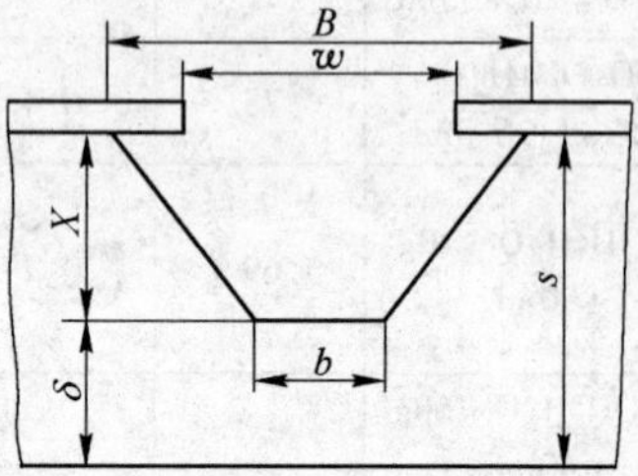

图 3-27　(100)硅上硅杯的腐蚀

较快。经过时间 t 腐蚀后，压力腔的深度为 X，腔体口宽度 B(大于 w)，腔体底面宽度 b，则它们之间的关系为

$$B = w + 2R(111) \cdot t/\sin\theta \tag{3-8}$$

$$X = R(100) \cdot t = (B - b)\frac{1}{2}\tan\theta \tag{3-9}$$

式中，θ 为腐蚀面与侧向显露面之间的夹角；$R(111)$ 和 $R(100)$ 分别为(111)与(100)面的腐蚀速率。

所以

$$B = b + 2X/\tan\theta \tag{3-10}$$

根据力学设计的弹性膜厚度为 δ(一般为外延层的厚度)，方膜的宽度为 b，硅片的厚度为 s，则压力腔的深度 $X = s - \delta$。于是

$$B = b + \frac{2(s - \delta)}{\tan\theta} \tag{3-11}$$

式中，θ 角为(111)面与表面(100)面之间的夹角。立方晶系的晶面间夹角 θ 可由下式计算：

$$\theta = \cos^{-1}\left[\frac{h_1h_2 + k_1k_2 + l_1l_2}{\sqrt{h_1^2 + k_1^2 + l_1^2}\sqrt{h_2^2 + k_2^2 + l_2^2}}\right]$$

(111)与(100)面间的夹角 θ 为

$$\theta=\cos^{-1}\frac{1}{\sqrt{3}}=54.736^{\circ}(54^{\circ}44')$$

掩膜窗口宽度 $$\omega=B-2R(111)t/\sin\theta \tag{3-12}$$

假如不是采用自停止腐蚀工艺，硅杯底面(100)与侧壁(111)同时被腐蚀，则 $t=X/R(100)$，代入式(3-8)中得到

$$\begin{aligned}\omega&=B-\frac{2R(111)X}{R(100)\sin\theta}\\&=b+2(s-\delta)\left[\frac{1}{\tan\theta}-\frac{1}{\sin\theta}\frac{R(111)}{R(100)}\right]\\&=b+2(s-\delta)\frac{1}{\sin\theta}\left[\cos\theta-\frac{R(111)}{R(100)}\right]\end{aligned} \tag{3-13}$$

对(100)晶片，若取 $R(111)/R(100)=0.01$(取决于腐蚀液成分和温度)，$\theta=54.736^{\circ}$，则

$$\omega=b+2(s-\delta)\frac{1}{0.8165}(0.577-0.01)=b+(s-\delta)\times1.39 \tag{3-14}$$

假若忽略(111)面的侧向腐蚀，则

$$\omega=b+2(s-\delta)\frac{1}{\tan\theta}=b+(s-\delta)\sqrt{2}=b+(s-\delta)\times1.414 \tag{3-15}$$

式(3-14)和式(3-15)可以用来计算掩膜的窗口宽度。举例来说，设计的膜宽为3.6mm，(100)硅片的厚度为400μm，膜厚为30μm，则腔深为370μm。利用式(3-14)计算得到的掩膜窗口宽度为

$$\omega=3.6+0.370\times1.39=4.11\text{mm}$$

按式(3-15)算得的 $$w=3.6+0.370\times1.414=4.12\text{mm}$$

两者仅相差10μm，约0.2%。

利用自停止腐蚀工艺时，因深度方向到终止层后不再继续腐蚀或不以较大速率腐蚀。式(3-13)中 $\frac{1}{\sin\theta}\frac{R(111)}{R(100)}$ 项便不可忽略，在这种情况下窗口尺寸 w' 为

$$w' = w - 2R(111)\Delta t/\sin\theta$$

式中，Δt 是到达停止层之后的过蚀时间，因此掩膜窗口还应减小相应尺寸。由此可见，即使采用自停止工艺，过长的腐蚀时间是不利的。

被腐蚀晶面（hkl）与侧向显露晶面{111}之间的夹角 θ，往往不是一个，表 3-5 中示出不同腐蚀晶面与倾斜侧显露面{111}间的夹角。

表 3-5　不同腐蚀晶面与倾斜侧显露面{111}间的夹角

侧露面 \ 腐蚀面	θ 角/(°)		
	(111)	(110)	(100)
(111)	70.53	90	54.74
(111)	70.53	90	54.74
(111)	70.53	35.26	54.74
(111)		35.36	54.74
压力腔形状	截头正三角锥	舟形	截头正四方锥

对（110）晶片，掩膜窗口宽度计算公式对直立壁和倾斜壁是不相同的，如图 3-28 所示。

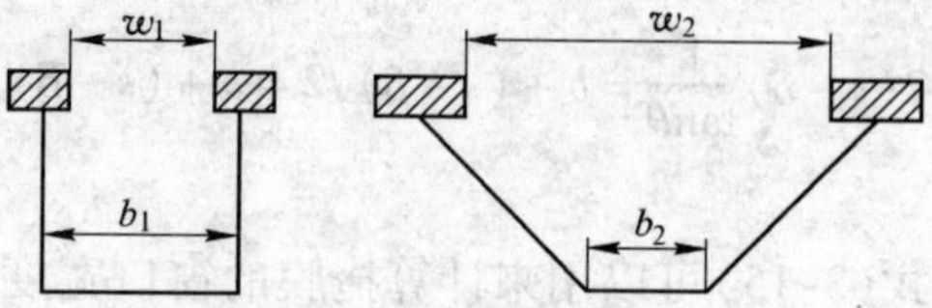

图 3-28　（110）面各向异性腐蚀压力腔形状

对直立侧壁，掩膜窗口宽度 w_1：

$$w_1 = b_1 - 2(s-\delta)\frac{R(111)}{R(110)} = b_1 - 2X\frac{R(111)}{R(110)}$$

对倾斜侧壁，掩膜窗口宽度 w_2：

$$w_2 = b_2 + 2(s-\delta)\frac{1}{\sin 35.26^\circ}\left[\cos 35.26^\circ - \frac{R(111)}{R(110)}\right]$$

$$= b_2 + 2(s-\delta)\times 1.732\times\left[0.817 - \frac{R(111)}{R(110)}\right]$$

$$= b_2 + 2X \times 1.732 \times \left[0.817 - \frac{R(111)}{R(110)}\right]$$

式中，b_1 和 b_2 分别为直立壁和倾斜壁两个垂直方向上弹性膜宽度；$R(111)$ 和 $R(110)$ 为{111}面和(100)面各向异性腐蚀速率；X 为压力腔深度；s 为硅片的厚度；δ 为膜的厚度。

3.3.3 适合腐蚀法制备弹性膜的外延结构

压力传感器的制作应根据其对电路要求选定一定的外延结构，同时也应考虑采用特定的腐蚀方法和腐蚀液是否能在这种外延结构上制备出所需要的弹性膜。目前，采用图 3-29 所示的几种外延结构来制备所需厚度的弹性膜。

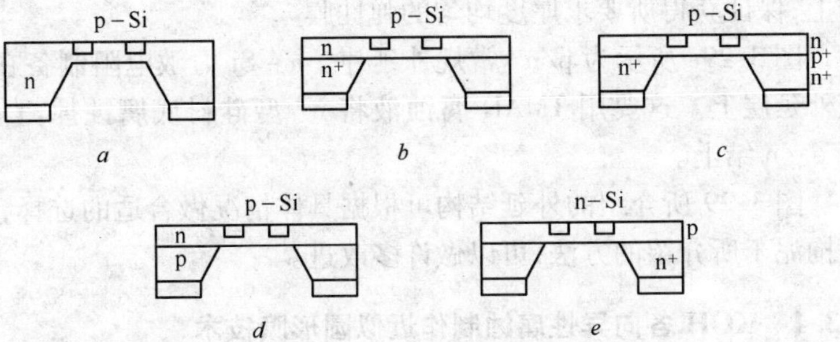

图 3-29 适合腐蚀法制备弹性膜的几何结构

图 3-29*a* 所示为单一的轻掺杂的 n 型单晶片（$\rho = 5 \sim 8\Omega \cdot cm$）。p – Si 力敏电阻条可以直接制在 n – Si 上。可以采用 KOH 或 EPW 等腐蚀液各向异性腐蚀法制备出弹性膜。但是因为不能采用自停止工艺，便不能精确得到所要求的弹性膜厚度。不过依据腐蚀速率通过控制腐蚀时间也可控制弹性膜厚度。批量生产压力传感器时因弹性膜厚度的差别，灵敏度便有一定的发散性。优点是不必用外延片，原材料的成本可降低约 2/3。

图 3-29*b* 所示为 n/n$^+$ 外延片，p – Si 力敏电阻制备在轻掺杂

的 n－Si($\rho=5\sim8\Omega\cdot cm$)上。这是常规法生产的外延片，市场上很容易得到。可用 KOH 或 EPW 腐蚀液各向异性粗腐蚀至接近外延层，最后用 5% HF 阳极腐蚀法自停止到轻掺杂的 n－Si 外延层上，精确控制弹性膜厚度。

图 3-29*c* 所示为 $n/p^+/n^+$ 外延片，p^+ 是在 n^+ 上制备的外延层，可用 KOH 或 EPW 各向异性腐蚀法将 n^+ 衬底腐蚀掉，便自停止在 p^+ 上。腐蚀工艺简便可行。但是轻掺杂外延层是制备在 p^+－Si 上面的，硼的自掺杂使 n 型外延层的横向电阻率均匀性变差。而且 n/p^+ 之间的过渡区较大，n－Si 外延层应设计得较厚一些。

图 3-29*d* 所示为 n/p 或 n/p^+ 外延片。P－Si 力敏电阻制备在 n－Si 外延层上。这也是常规的反型外延片。可用 KOH 阳性腐蚀法制备弹性膜。依靠电纯化现象使腐蚀过程自停止在 p－n 结上，保证获得所要求厚度均匀的弹性膜。

图 3-29*e* 所示为 p/n^+ 常规外延片。n－Si 力敏电阻制备在 p 型外延层上。这要用 TMAH 腐蚀液将 n^+ 型硅衬底腐蚀掉，自停止 p－n 结上。

图 3-29 所介绍的外延结构可根据具体情况做合适的选择，并不拘泥于所介绍的方法，可以做许多改进。

3.3.4　KOH 各向异性腐蚀制作近似圆形膜技术

各向异性腐蚀法可制得方形膜。方形膜承压时在边、角处产生较大的拉伸应力和剪切应力，对于挠曲变形较大的微动力机械的可靠性和寿命影响较大。圆形膜的切向应力分布均匀，不存在应力集中问题，这是圆形膜的优点。用 KOH 腐蚀时微结构的外显露面往往是(111)、(411)、(100)和(110)晶面族。在腐蚀(100)晶面单晶时，(411)面会出现在掩膜图形的凸角处。与表面垂直的同指数晶面(100)和(110)侧面也是外显露面的合理选择。

选择如图 3-30 所示的掩膜可以得到点划线所示微腔表面边界最终位置和虚线所示腐蚀坑底边界最终位置。关键是利用(411)晶面对 90°凸角的侵削作用。所得到的外接圆半径仅为腐蚀深度的 2.67 倍。

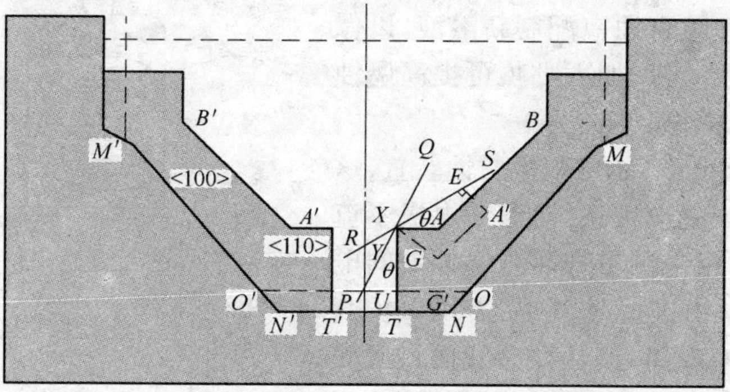

图 3-30 各向异性腐蚀正八边形近似圆形单晶硅掩膜方案

3.3.5 各向异性腐蚀设备

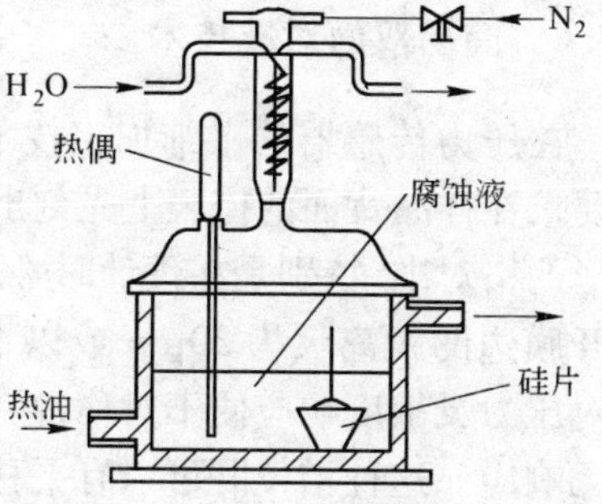

图 3-31 热 KOH 水溶液腐蚀装置

图 3-31 所示为热 KOH 水溶液腐蚀装置。对 EPW 腐蚀法其设备也是相同的。这种设备其特点是用双层玻璃容器构成调温器。双层壁间通热油，保持恒温以便控制腐蚀速率。腐蚀液的温度用温度计测量。被腐蚀的硅片放在耐腐蚀的容器中。腐蚀完毕后可将容器提起，取出硅片。由于 KOH 腐蚀液是热的，水不断蒸发（如果其中还加入异丙醇，则蒸发更快），上升的水蒸气需水冷凝后又重新沿壁流入到腐蚀液中，以保持 KOH 浓度不会因水汽蒸发而变浓。腐蚀液的上方气相最好通以氮气以保护硅片不受氧化，也防止 EPW 过早氧化变质。

图 3-32 所示为国内一些厂家所用 EPW 腐蚀液的腐蚀装置，用水浴加热使腐蚀液保持 95℃左右，使容器保持密封状态以免邻苯二酚的氧化，腐蚀时也要冷凝水汽以保持腐蚀液成分不变，用

9g 邻苯二酚可腐蚀硅 0.25g 左右，如要继续腐蚀应配制新溶液，以保证腐蚀质量，加入吡嗪可提高腐蚀液耐氧化能力。

图 3-32 示出阳极腐蚀装置，这是一个三电极系统，参考电极不流电流，用来测量样品与腐蚀液间电位差。由图可见，样品需用保护套与溶液隔离，仅让样品背面衬底侧接触腐蚀液。衬底边缘与护套之间要求严格密封，不让腐蚀液渗入。

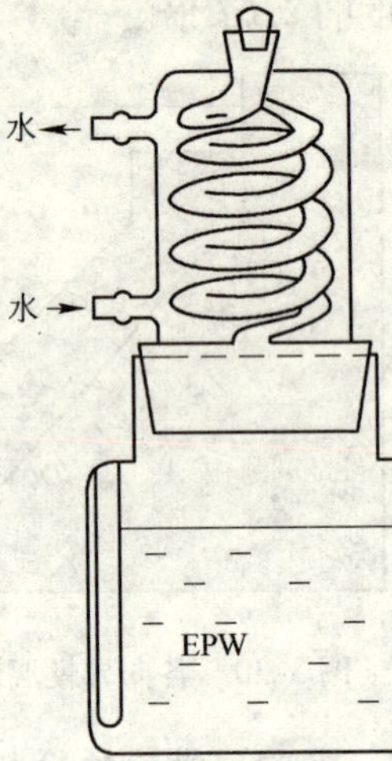

图 3-32　EPW 腐蚀装置

3.3.6　简易双面对准技术

在压力传感器的微细加工技术中要求在样品背面的掩膜上光刻出压力腔窗口的图形而且与正面图形严格对准，特别是在设计时必须将力敏电阻安排在膜内，有时离开膜边的距离仅为 30μm 或以下。正反图形错开时，力敏电阻条对压力灵敏度响应便不对称，甚至有时有可能移到膜外，对压力便无响应。这种错位既可以有平移错动，也可以有角度错开，一般要求对准误差小于 20 ~ 30μm，角度偏差约在 3°以内。

国外目前有成套的大型双面光刻装置，正反面对准同时曝光，操作十分方便。国内也进口了这种双面光刻机，但价格昂贵。因此国内许多研究工作者提出了简易的双面光刻对准技术，对现有的单面光刻机不作或只作很小的改动，且只需单光源，因而价廉、操作简便。光刻图形质量和精度都能满足要求。

3.3.6.1　单版式双面光刻技术

把硅片切出特定的线形轮廓，因压力传感器多半使用(001)硅片，因而比较方便的是沿($1\bar{1}0$)和(110)面切出相互垂直的两道，如图 3-33 所示。(110)是硅片上切出的原有参考面，只需再切出与它相垂直的一道。(100)p 型硅片的两个垂直参考面出厂时已制备好了，可以直接加以利用。

在制作光刻掩膜版时，除作好中央部位（例如芯片间的划片道上）的对版标记图形外，应在正版的边缘制作与硅片的外轮廓一致的相互垂直的两道对准标记，取另一未做图形的光刻版，使其胶面与正版的图形面紧贴，曝光后再经显影定形，也有与硅的外轮廓一致的相互垂直的两道对准标记。

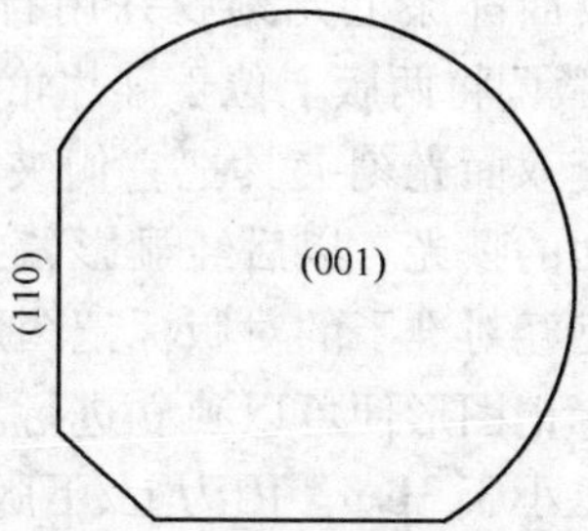

图 3-33 硅片上切出两道垂直参考面

在普通的光刻机上放置正版与硅片，将硅片直角边缘与正版上的直角标记吻合并曝光，取下正版装上反版，并把硅片翻转，同样利用硅片的直角边缘与反版上的垂直标记对准曝光。取下硅片经显影、定影、腐蚀去胶，即可在硅片正反面获得对准的对版标记图形。以后的光刻在硅片的正反面独立进行，与常规光刻工艺完全相同。由于光刻时每次只需一块版，故称为单版式双面光刻技术。据报道，对准误差小于 15μm。对压力传感器来说，反面光刻实际是一次，因此只要一块反面光刻版，版上是硅杯口图形，一次便可以光刻出该图形。以后反面便不再二次光刻对版。这样双面光刻对准过程还可以简化，不必制作仅用于对版（指同一面不同的光刻版间）与对准（指正反面光刻版间）而无实际掩膜有效图形的正反两块“空”版。第一次正版光刻时，可将图形边缘和硅片轮廓的两条直角边重合。光刻上图形以及对版标记图形（供以后正面多次光刻对版用）。当进行反面光刻时，只需将边上两排图形的边缘和硅片外轮廓的直角边重合。这样正反版图形就对准了。当然正反版的图形本身应是对准的。

3.3.6.2 双版式双面光刻技术

制作两块仅有对版标记图形的光刻掩膜版，称为上、下版，其中上版是下版的反版。上下版的胶面相对放置,硅片置于其间,硅片正反面都涂上光刻胶并用石蜡固定在下板的适当位置,利用 X – Y微调将两版上位于硅片轮廓之外的对版标记图形被套准后,用一套双面光刻夹具把它们夹紧。一面曝光后,翻转 180°,再进行反面的曝光。以后经显影、定影、腐蚀去胶,即可使硅片两面刻蚀出已经对准了的对版标记图形。以后正、反面的光刻只要套准对版标记图形便可以独立进行。这种对准技术精度高,正反面对准误差小于 3μm。因为上、下版同时使用,双面对准一次完成,故称为“双版双面光刻技术”,适合于工厂规模生产。

3.4　表面微机械加工——牺牲层技术

表面微机械加工是微机械加工中一种特殊的新工艺,其微机械加工局限于衬底的表面层,图 3-34 示出用表面微机械加工制备多晶硅微桥示意图,(1)首先在衬底上生长一层 SiO_2 层,并光刻出所需的形状;(2)然后沉积一层多晶硅,称为结构层;(3)再第一次 CVD 淀积钝化层,并光刻出引线孔;(4)沉积铝内引线,并刻蚀铝层和第二次 CVD 沉积钝化层并光刻出最终的图形;(5)各向同性腐蚀掉多晶硅下面的最初生长的 SiO_2。在表面微机械加工中这一层往往称为牺牲层。于是牺牲层上面的多晶硅层形成所需要的微桥结构,一般在前道工序制备出牺牲层,最终又腐蚀将其去掉。牺牲层既可以是 SiO_2 层,也可以是硅层、金属层。牺牲层上面可以是多晶硅,也可以是 SiO_2 层。

图 3-35 所示的表面微机械加工更具特色,(1)硅衬底热氧化生长 SiO_2 层,光刻后用 KOH 腐蚀出所需形状;(2)第二次热氧化生长 SiO_2 并开出扩散窗口,再进行浓硼的深扩散;(3)腐蚀掉中间部分 SiO_2 层,进行浅硼扩散并淀积介电层;(4)腐蚀掉 SiO_2 层并将正面静电键合封接到玻璃上,最后又将整个结构放到 EPW 中腐蚀,于是原来的硅衬底全部腐蚀掉后,只保留了表面浓硼扩散部分,中间浅硼扩散部分便成为所需要的硅膜。这种表面微机械加工技术也被称为溶解硅技术。

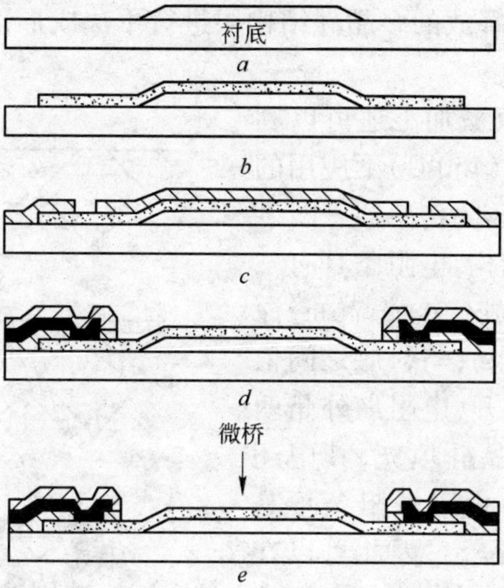

图 3-34 利用表面腐蚀机械加工制备多晶硅微桥

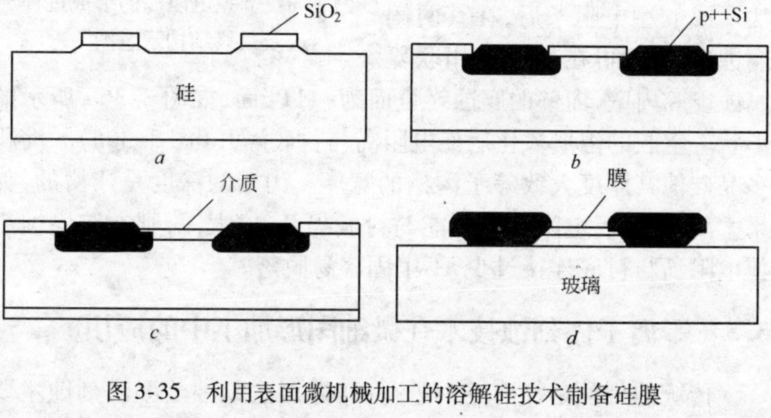

图 3-35 利用表面微机械加工的溶解硅技术制备硅膜

由于牺牲层的腐蚀往往是最后的一步。已形成的电路的表面保护较困难，而且被释放的表面可动微结构（悬臂梁、桥、膜等）会粘连在衬底上便失去其功能。为此，有关文献提出一种新工艺，把牺牲层腐蚀安排在仅随多晶硅结构层淀积之后，而在最后的工艺步骤中把已经释放的多晶硅结构层进行干法成形，避免了上述两个问题。

表面微机械加工还可以利用来制造高温（150℃）下应用的 p 型硅压阻型压力传感器。图 3-36 示出这种结构，电阻条具有三角形截面，形成一个宽 7μm，深 4.5μm 的单晶岛，与衬底之间依靠氧化物隔离开，电阻岛外是两个空腔，用多晶硅填充，其中还有小的空洞。由于电阻条不是依靠 p－n 结隔离，因此可以在高温下工作，这时电阻条和衬底之间不出现漏电流。这种电阻岛的制作过程如下：用离子注入法形成 p 型电阻条后，在其两侧腐蚀出沟槽，再在 55℃下用联氨腐蚀空腔内壁，内壁的腐蚀终止面为{111}面，如图 3-36*a* 所示的形状。空腔的内壁氧化后使电阻岛与衬底隔开（图 3-36*b*）。淀积多晶硅使其厚度大致等于沟槽的宽度。沟槽的深度是严格的，如果太浅，氧化后电阻岛便不能与衬底隔开；槽太深，则空腔腐蚀后使电阻岛与衬底连接过少，不牢固容易脱落。

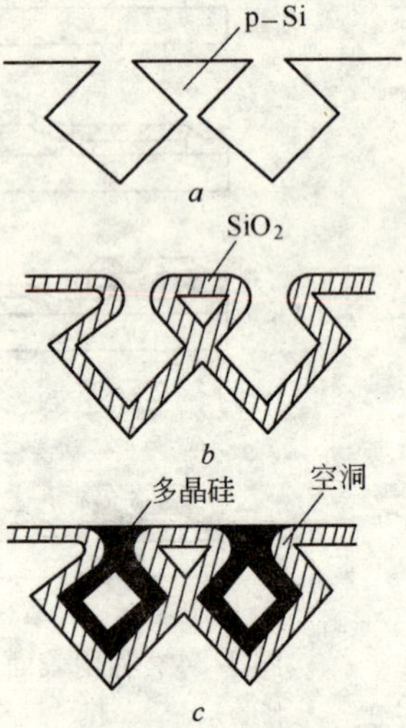

图 3-36　p 型电阻岛的形成过程及最终结构示意图

3.5　等离子体刻蚀技术在微细图形加工中的应用

传统的刻蚀是在溶液中进行的，即湿法刻蚀。湿法刻蚀主要存在以下问题：(1) 当腐蚀各向同性时，线宽只能达到 3μm，要实现能达到 1μm 左右的精细图形转移非常困难；(2) 难以控制，有钻蚀现象；(3) 腐蚀性残液影响器件寿命及可靠性；(4) 难以实现大规模自动化生产；(5) 需要处理大量废液。目前等离子体刻蚀所能达到的刻蚀水平为线宽 0.2～0.3μm，深 1.2～0.5μm，是湿法刻蚀所不及的。另外,利用等离子态进行的各种反应均是低温过程,完全满足微细加工技术工艺低温化的要求。可以说等离子体技术已渗入到微细加工领域的各个环节。微细加工技术的进步也越来越依赖于等离子体技术。

等离子体刻蚀利用等离子体中各种能量的自由基,活性粒子和离子与材料表面相互作用,形成挥发性物质以达到刻蚀目的。其中不带电的自由基和活性粒子向材料表面运动是随机的,当刻蚀达到一定深度时,造成严重的钻蚀。而用离子刻蚀时,离子在穿过固体表面鞘层电场受到加速,垂直向被刻蚀表面运动,并轰击刻蚀表面,得到各向异性的结果。所以利用离子进行的反应离子刻蚀(RIE)已成为一种重要的干法刻蚀手段。为避免 RIE 中存在的对器件损伤和沾污等问题,可采用磁控放电,电子回旋共振放电(ECR)等方式。磁控放电中,阴极电压得到降低,带电粒子的能量减小,从而使辐射损伤大大降低;ECR 中,在基片上加有一定的偏压来独立控制入射到基片上离子束的能量,使其处于反应所需临界值附近,从而达到低损伤腐蚀。今后,RIE 发展的关键是开发低电压下放电,离化率高,均匀性好,离子能量可控的等离子体源。

早期的等离子体刻蚀技术主要用于光刻胶的去除,即等离子体光胶灰化工艺。现在已应用于 Si、SiO_2、Si_3N_4 及铝、钼、钨等金属的刻蚀。刻蚀不同材料,涉及不同的物理、化学反应,所用气体也不同。如刻蚀 Al,采用 CCl_4 气体;刻蚀 Si 采用 CF_4 气体。反应在射频或微波等离子体中进行,被加工材料整个暴露于等离子体中,难免受到光和热的影响。为此,可把经射频或微波放电产生的离子经过离子引出系统引出,聚焦成窄离子束直接在加工表面上扫描刻蚀。目前离子聚焦系统能产生直径小于 10nm 的聚焦离子束,可以用于纳米量级结构的刻蚀。

等离子体技术也可应用在抗蚀剂的涂敷和显影中。抗蚀剂的等离子体涂敷是通过等离子体聚合反应,利用有机单体在等离子体中发生聚合并沉积于衬底表面上形成抗蚀剂薄膜。如 MMA 单体聚合成 PMMA,苯乙烯聚合成聚苯乙烯等。一般聚合物中,聚合物链彼此对准,而等离子体聚合会使聚合物链高度交联。所以等离子体聚合成膜的强度大,结构致密。等离子体显影是利用抗蚀剂受辐射区和未受辐射区刻蚀速度的差异所形成的抗蚀剂自显影特性,实现干法显影的,如利用 CCl_4 的 PMMA 显影;$Ar+O_2$ 混合气体的聚苯乙烯显影。抗蚀剂的等离子体涂敷和显影的实用化将使全干法微细图形加工成为可能。

3.6 微细电化学加工技术

电化学制造技术是一种特种加工技术,目前在微细加工中已占有重要的位置。电化学制造技术按原理分为两类,一类是基于阴极沉积的增材制造技术——电铸(electroforming);另一类是基于阳极溶解的减材制造技术——电解加工(electrochemical machining),电解加工和电铸的基本原理过程如图 3-37 所示,电解加工过程中,在工具阴极和工件阳极之间保持较小间隙,电解液在间隙中流过,在间隙上施加低压直流电,按照法拉第定律,工件阳极开始溶解,溶解产物被流动的电解液排出加工区。工具阴极向工件恒速进给,以保持加工间隙的恒定。随着加工过程的延续,工件阳极的形状将近似复制工具阴极的形状。电铸是电解加工的逆过程。它是利用金属离子在阴极上沉积来制造金属制品。在电铸过程中,电解液中的金属离子不断向阴极迁移,并沉积在阴极母膜上,直到达到所需要的厚度。然后,沉积的金属层被机械剥离,经过必要的后续加工,获得所需的金属制品。电铸制品能够极其精确地复制母模的形状。

电铸和电解加工这两种技术有一个共同点:无论是材料的减少还是增加,制造过程都是以离子的形式进行的。由于金属离子的尺寸非常微小,因此这种微去除方式使得电化学制造技术在微细制造领域具有重要的应用前景。

近年来,德国、美国及韩国等工业发达国家对于微细电化学加工技术给予高度重视,进行了大量的研究,并取得了长足的进展。利用微细电化学加工技术,日本制造出了直径为数微米、高表面质

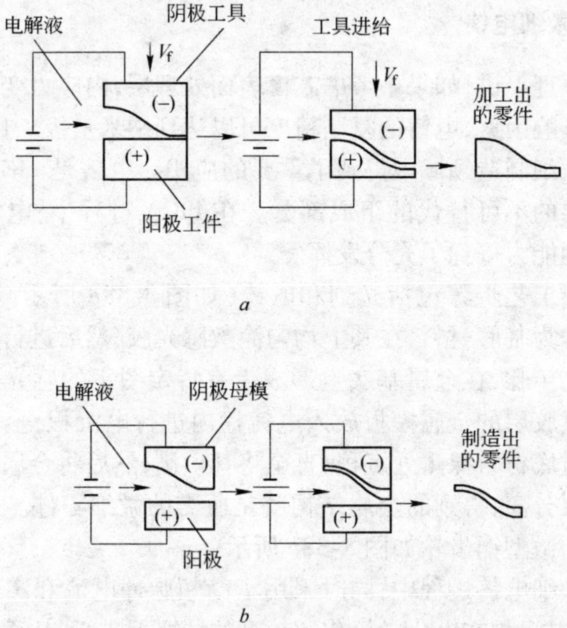

图 3-37 电化学制造技术原理

a—电解加工；*b*—电铸

量的轴；英国在高速转子上加工出了数十微米线宽、数微米深的储油槽；荷兰菲利浦公司实现了薄板上微孔、微缝的高效电解加工；美国 IBM 公司对电子工业中微小零件进行微细电化学蚀刻加工。美国一研究机构通过可移动的微细电极（阳极）在空间缓慢移动，诱导金属离子按指定的方向电沉积生长，形成某种特殊的空间三维微细结构（例如微型金属螺旋线圈）。德国 KARISRUHE 研究所将微细电铸与光刻技术集成，发明了 LIGA 技术，实现了高深宽比的金属微结构的制造。2000 年，德国 MPG 采用纳秒级超短脉宽冲电流技术，使得电化学溶解定域性突变性提高，从而实现了数十微米尺度的金属三维复杂型的微细加工。MPG 经过进一步研究，取得了新的进展，已经加工出 100nm 宽的沟槽。

3.6.1 微细电铸

从原理上讲，如果不考虑芯模表面处理层，内应力变形及脱模变形等影响因素，电铸的复制精度可以达到纳米量级。目前，电铸已经在微细制造领域中得到了重要的应用。电铸是 LIGA 技术中一个重要的不可替代的组成部分。在 LIGA 过程中，电铸具有的微细复制能力得到了充分发挥。

主要工艺步骤包括光刻和电铸（如图 3-38*a* 所示）。采用不锈钢片作为基底材料，在其上均匀涂敷感光胶，然后进行曝光和蚀刻等工艺步骤，在金属基底上形成带有特定图案的感光胶层。将带有图案胶层的金属模板放入电铸槽内进行电沉积，金属离子在模板上衬底材料裸露处沉积，直至将其填满；然后将金属沉积物和感光胶层分离，得到的金属结构就是所需的微细零件。采用该方法制备的微型铜齿轮如图 3-38*b* 所示。

在微细电铸过程中，同时采用了高频脉冲电流和高速冲液的方法，使电沉积在电化学极化度较高的情况下进行，从而细化了晶粒，获得了致密的金属沉积层。另外，还试验了压力正负交变等措施，利用较强的压力扰动，及时排除阴极上的吸附气泡，消除了阴极吸附气泡造成的针孔和麻点等问题。采取了低应力工作液，并对过程参数进行优化，控制了沉积应力，避免了变形。

3.6.2 微细电解加工

理论和试验研究表明，脉冲电解加工可以显著地改进电解加工过程，是实现微细电解加工的重要措施。在脉冲电解加工中，电解液的间断及周期性的更新，使得间隙中的电解产物（溶解的金属、析出的氢气及产生的焦耳热）得到及时排除，因而可以在比传统直流更高的电流密度和更小的加工间隙下进行加工。高的电流密度使表面加工质量亦随之提高，而小间隙可以显著改善加工精度。脉冲电解加工系统的基本构成如图 3-39 所示。

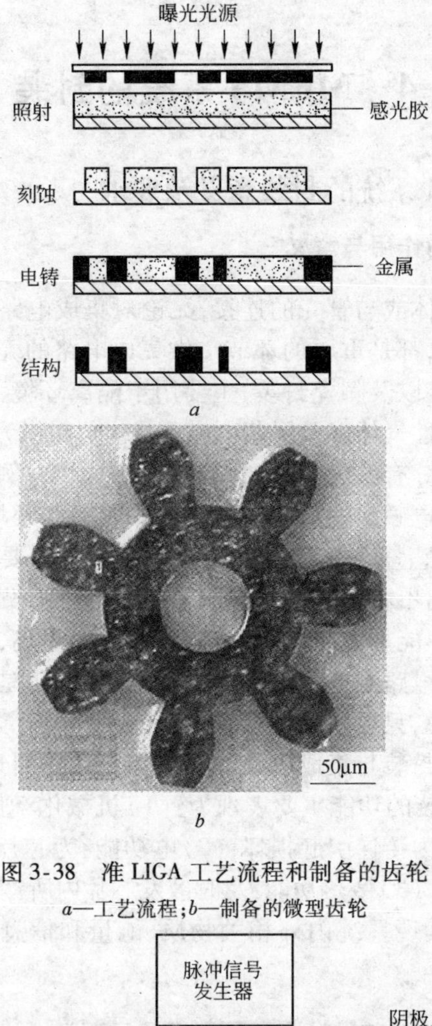

图 3-38 准 LIGA 工艺流程和制备的齿轮

a—工艺流程；*b*—制备的微型齿轮

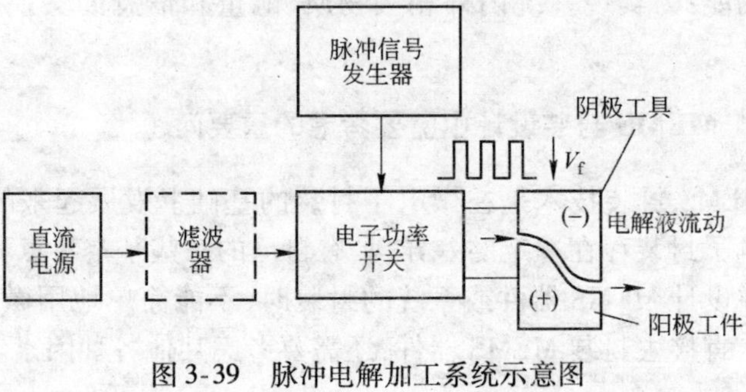

图 3-39 脉冲电解加工系统示意图

4　MEMS 系统的封装

4.1　MEMS 系统的封装意义及要求

4.1.1　封装的作用与意义

硅片与载体或与管壳的连接,无论对集成电路还是对微电子机械元件来说,都是重要的环节。供集成电路的壳体,有玻封、塑封、金属壳封装以及陶瓷封装,主要用于隔离环境大气中水汽、氧以及各种腐蚀性气体以及屏蔽电磁干扰。但对微元件来说则要视具体情况而定。有的微元件要隔离环境的影响,例如温度或压力传感器应避免电磁干扰。有的微元件则希望与环境接触良好,尽可能与被测传感量直接耦合沟通。温度传感器要测量环境的温度,与环境之间不希望有大的热阻。霍尔器件要测量所在环境的磁感应强度,不能加以磁屏蔽,但要求与大气隔离,免受潮气等的影响。在集成电路制造中,芯片与管壳或与基座是机械上相互连接的,一般来说,只要安装牢固,不怕机械冲击、振动就可。

微元件的封装与集成电路的封装相比区别明显,要求更为严格。MEMS 封装的功能主要表现为:(1)机械化学保护:保护芯片以免由环境和力传递引起损坏;(2)电功能:为芯片的信号输入和输出提供互连;(3)散热功能:及时散发芯片内所产生的热量;(4)接口功能:为实现系统内外相关物质、能量和信息的交换提供接口。

4.1.2　MEMS 封装设计中需要考虑的重要问题

MEMS 封装技术是在微电子封装的基础上发展起来的,但它与微电子封装存在一定的差异,具有自己的一些基本特点和要求,所以在设计 MEMS 器件或系统的封装时,不能简单地用微电子封装技术直接去封装 MEMS 器件,还需要考虑其他各种因素。

4.1.2.1 明确 MEMS 封装的等级

MEMS 封装等级一般分为芯片级、器件级和系统级三类，不同级别的封装，其目的、内容以及封装策略都有所不同，芯片级封装的主要目的是保护芯片或其他核心元件避免塑性变形或破裂，保护系统信号转换电路，对部分元件提供必要的电和机械隔离等。器件级封装需要包含适当的信号调节和处理，该级封装的最大挑战就是接口问题。系统级封装主要是对芯片和核心元件以及主要的信号处理电路的封装。

4.1.2.2 环境影响

湿度、温度及化学毒性等环境因素常常使器件的可靠性降低，甚至使器件失效。在设计封装时，必须考虑在非友好环境下如何保护 MEMS 芯片等核心元件，延长器件的使用寿命。如用于检测气体成分的化学传感器，长期被置于化学毒性环境中，对芯片的腐蚀作用极大，需要采用钝化等措施，确保芯片的正常使用。

4.1.3 封装结构及封装材料

MEMS 芯片多为立体结构，如微型腔体、微梁和薄膜元件等，这些微结构的尺寸很小、强度低，容易因机械接触而损坏，封装起来难度极大。选择合适的封装结构及封装材料，对于 MEMS 器件的正确、可靠封装是十分重要的。在选择封装材料时，需要考虑材料的机械物理性能，以及在相应的封装工艺条件下材料性能可能发生的变化，比如 RF－MEMS 在射频条件下，封装材料的介电特性将会影响系统的高频性能，基板材料、互连材料以及封盖材料的选择，都是封装过程中必须要考虑的，用于 MEMS 封装的材料种类很多，如环氧树脂、陶瓷、氧化硅、氮化硅、玻璃及硅凝胶等。

4.1.4 接口问题

MEMS 与外部环境进行数据、信息和能量交换，要靠接口功能来实现。在 MEMS 中，常见接口有生物医学接口、光学接口、机械接口、微流体接口等，接口是 MEMS 封装必须解决的关键技术问题,直接决定器件或系统功能能否实现。对于生物医学接口来说,要求系统封装与人体系统生物兼容,在使用中能抵抗化学腐蚀,对周围细胞组织无损害,具有一定的使用寿命。

4.1.5 封装外壳设计

大多数 MEMS 器件的外壳上需要有非电信号的通路,所以不能简单地把 MEMS 芯片密封在管芯里,必须留有同外界环境直接相连的通路,用来传递光、热、力学以及化学信息。

4.1.6 热设计

对 MEMS 器件自身产生的热量进行散热,是封装设计必须解决的问题。热性能对 MEMS 器件性能有重要影响,在较高温度和较大温差下,电参数将下降,热环境的不均匀性能将引起电性能的很大差异。同时,热应力集中将导致部分微结构、微元件失效。随着 MEMS 结构的日益复杂化,封装热设计将变得更加重要。

4.1.7 封装过程引起的可靠性问题

MEMS 的可靠性问题很大程度上来自于封装,MEMS 芯片对封装残余应力非常敏感,在封装过程中,热膨胀系数(CTE)不匹配会引入热应力,机械振动也会产生机械应力,从而使 MEMS 微结构产生变形,甚至破坏。在封装设计时,需要了解应力的变化、分布以及可能引入的残余应力对器件本身的影响,采用合理的工艺减少或避免封装过程中残余应力的产生。

4.1.8 封装成本

封装成本在整个生产成本中占有很大比例,一般约占 75%,这个比例随产品的不同而不同,开发较低成本的封装技术已成为市场的急切需求。

4.2　焊球栅阵列倒装芯片封装技术

MEMS 封装经过多年的发展,出现了一些比较完善的封装技术和封装形式,比如键合技术、倒装芯片技术、多芯片封装技术以及3D 封装等,下面介绍焊球栅阵列(BGA)、倒装芯片(Flip Chip)封装技术。

倒装(Flip Chip)技术为 IBM 公司于 1964 年所提出的一种新型封装技术。原始的设计为将已长上 C4 凸块的晶片翻转连接于陶瓷基板,称为 C4 工艺(Controlled Collaps Chip Connection)。至今,已发展出许多倒装技术,其包括凸块制作,液状封胶,表面黏着,基板回焊等。下文将介绍倒装法于锡球栅阵列封装(BGA)的应用。

首先,倒装技术必须使用金属凸块为其内部连接。大致而言,金属凸块为两大类,一为锡块,另一为金凸块。图 4-1 所示为锡凸块之倒装 – BGA 封装工艺,此工艺必须经过三次回焊(reflow),第一次回焊是在凸块制作过程中使凸块之球形均匀,第二次回焊是为了使晶片和基板接合,最后一次回焊是为了将锡球焊到基板上。此封装之最主要的技术即在于锡凸块工艺。而当温度变异时(例

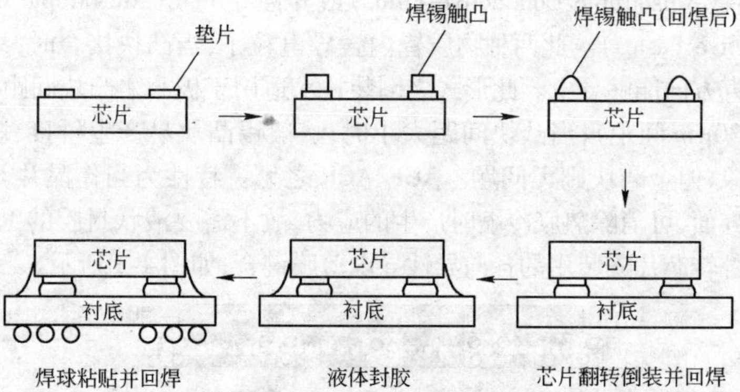

图 4-1　焊锡凸块倒装封装

如于温度循环测试),晶片本身与基板间存在热膨胀系数之差异,需于本身与基板间注入液状树脂使其紧密接合。

因低熔点锡凸块(锡:铅为 63:37)有自我对位的特性(因其内聚力大),故于封装工艺中不需要高成本的对位设备。另一种锡凸块为高熔点之 C4 Bump(锡:铅为 10:90),若其与 BT 基板连接,必须先于 BT 基板上铺一层低熔点锡铅,于 230℃ 下与 C4 Bump 接合,如图 4-2 所示。若 C4 Bump 与陶瓷基板连接,则不需上述附加工艺,因陶瓷基板熔点很高,足以容许 C4 Bump 直接与其高温熔接。

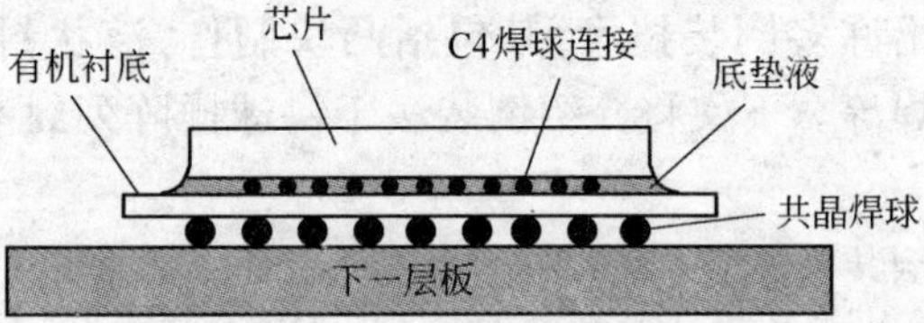

图 4-2　集成电路芯片载片

另一种金属凸块为金凸块,此凸块一般使用在 TAB(载带自动键合)或 COG(玻璃上芯片)上。最近,它被使用在倒装 - BGA 封装上,以省去液状封胶工艺。

金凸块的 BGA 应用中,作为凸块与基板界面的物质为异性导电膜(Anisotropic Conductive Films)或异性导电胶(Anisotropic Conductive Pastes)。此两种物质皆内含导电粒子,当凸块接合时,只有垂直方向能够导电。此形式之倒装技术适用于极小之凸块间距(小于 30μm 间距),当凸块间距太小时,一般锡凸块易产生桥接、短路现象,但金凸块则无问题。ACF/ACP 之另一特性为当作晶片与基板界面,可消除热胀冷缩时产生的应力,故不需要液状封胶的工艺。供翻转芯片安装用的各向异性导电薄膜键合,如图 4-3 所示。

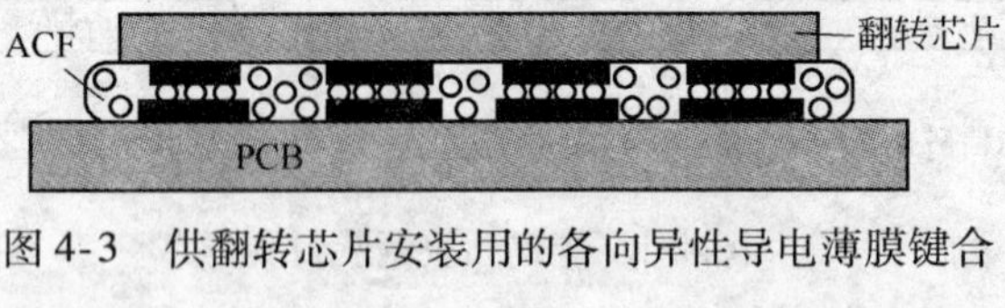

图 4-3　供翻转芯片安装用的各向异性导电薄膜键合

配合 ACF 应用之倒装－BGA 封装，其优点：高密度封装适用性，低温封装工艺，环保（无铅，flux 工艺），不需液状封胶及低成本封装。除以上介绍的倒装－BGA 方式外，还有其他形式（如镶嵌金凸块之倒装－BGA）正在发展中。

4.3 MEMS 中芯片封接方法

MEMS 中芯片的封接方法分为硬封接和软封接。环氧树脂和硅胶黏结属于软封接。共晶键合、玻璃密封、阳极键合、冷焊、钎焊和硅－硅直接键合属于硬封接。

4.3.1 黏结

目前，大多应用有溶剂的双组分环氧树脂黏结剂。固化后在 －65℃到 150℃使用，便有足够的机械强度。环氧树脂黏结剂被称为“万能胶”，它具有黏结度高、耐化学介质性能好、耐温性能好、胶层收缩率小、可室温固化、施工工艺简单等优点，但未经改性的环氧树脂黏结剂脆性大、耐冲击性能差、耐热性能不够理想等缺点，常需通过改性方法提高产品性能。市场上环氧树脂的牌号种类很多。用于压力传感器的环氧树脂主要用于硅芯片与玻璃、陶瓷、金属之间的相互连接。要求机械强度高、耐水、油、弱酸性或碱性介质、耐热、耐低温。室温固化纯环氧树脂黏结剂，如环氧三号胶（E－51 环氧树脂＋400 聚酰胺）、SG－200 环氧树脂黏结剂（耐温 200℃、耐湿、耐腐蚀）、914 黏结剂（耐水、耐热）。高温固化纯环氧树脂黏结剂如 508 黏结剂（150℃下长期使用）、7－2312 环氧黏结剂（150℃以下油、水、弱酸中长期使用）、E－8 黏结剂（－55～220℃）、E－15 黏结剂（黏度小，工艺性能好）、J－27 环氧黏结剂（－60～232℃）。环氧树脂黏结剂通常可以加增韧剂。聚酰胺树脂、聚氨酯树脂以改进胶层的剪切强度、低温性能和柔韧性。还可加添料，如 300 目氧化铝粉、二氧化钛粉，以提高黏结力、强度、耐久性。在黏结剂中还可加溶剂，起稀释作用，降低黏结时黏度，避免胶层厚薄不匀，便于涂敷施工。常用的溶剂有乙醇、乙醚、丙酮、三氯甲烷、苯、甲苯等。溶剂的另一个作用是减少黏结剂中的树脂由黏结面流出时的爬升。树脂爬升到芯片上流至芯片上的铝条上,会使铝条受到腐蚀,这是极为不利的。溶剂的使用也有利于增加填料量。当溶剂挥发后,黏结层比不加溶剂时可以获得更高的硬度。

非室温固化的环氧树脂通常选择50℃和200℃之间进行固化。一般较高温度的固化给予较高的封接强度。

虽然环氧树脂可以用于黏结一切材料,但以黏结纯金属或氧化物陶瓷达到最高强度。这是因为环氧树脂由于具有羟基、醚基和环氧基,使相邻界面产生电磁力,还能与金属表面和陶瓷表面的游离键形成化学键,因而有更大的黏结力。环氧树脂黏结有良好的工艺性、低的作业温度,E-模量小、收缩小、界面应力小等优点。但是这些优点被其大的延伸系数、低的高温强度和相对较低的化学稳定性等缺点所抹杀。耐水、耐温性能也大大不如其他封接方法。一方面受热时黏结剂中的水出现外扩散,150℃下1000h后典型的重量损失为5%,其中水占80%,氧和氮占20%;另一方面黏结剂还受水汽的侵袭。2mm厚的黏结层在100℃的热蒸汽作用下,32h便被破坏。如果相应延长时间,40℃的水蒸气便可侵袭黏结剂。环氧树脂在室温下短期强度不超过30MPa。一般为10~20MPa。如果传感器的承压膜所承流体压力(耐压)为10MPa,则环氧树脂的封接面积至少应为承压膜面积的5~10倍。环氧树脂的长期强度和较高温度下的强度则明显降低。仅当对传感器没有更高的热和化学稳定性要求时,才可使用黏结法。黏结层厚度不小于25μm。

4.3.2 共晶键合

固体时无溶解度或只有部分溶解度的二元系相图中往往有一个共晶点,共晶点时三相共存。共晶成分的液相具有最低熔点。也就是说,共晶点的温度比两种固体的熔点都低。在共晶点温度下,将能形成共晶的两种固体相互接触,经过互扩散后便可在其间形成具有共晶成分的液相合金。随时间延长,液层不断增厚。冷却后液层又不断交替析出两种固相。每种固体一般又以自己的原始固相为基础而发展壮大、结晶析出。因此两种固体之间的共晶能将两种固体紧密地键合在一起。图 4-4 示出金 - 硅合金相团,其共晶温度为 370℃,共晶点硅的成分为 31% 原子。固体状态下,硅中金的溶解度最大为 2×10^{-4}% 原子。图 4-5 示出铝 - 硅相图,共晶温度为 577℃,纯铝的熔点为 660℃。共晶点硅的成分为 11.3% 原子。共晶键合作业的温度略比共晶点高。因此铝 - 硅键合时作业温度较高。这时应注意到芯片上已形成铝引线,引线孔已合金化。Pb/In/Ag 或 Pb/Sn 共晶系统也可用于金属化芯片的键合。此时键合面应分别蒸上两种金属,然后在其共晶点进行键合作业,图 4-6 示出共晶键合的示意图。为了达到可靠的键合,必须防止合金的氧化,应在保护气氛或混合气体中作业。将芯片背面用共晶合金预先金

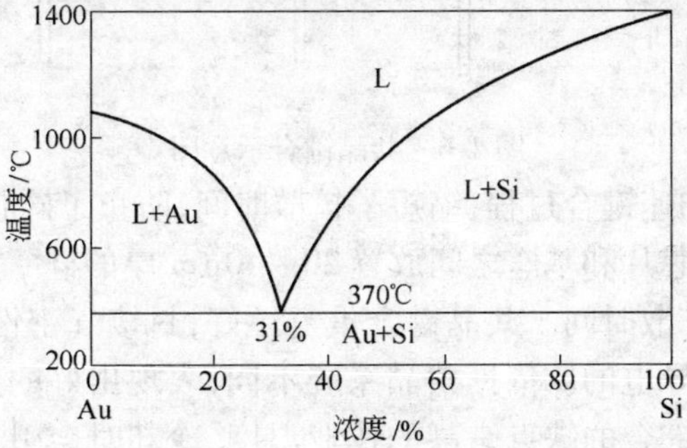

图 4-4 金 - 硅相图

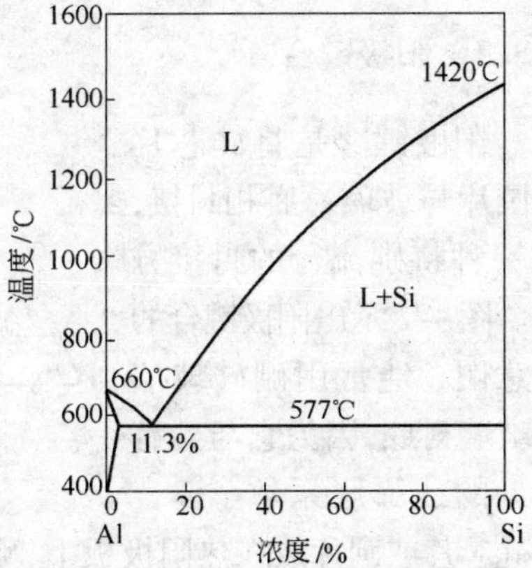

图 4-5 铝 - 硅相图

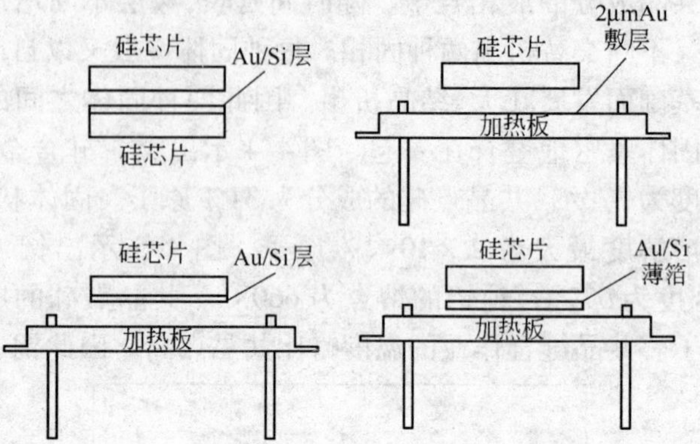

图4-6　共晶键合示意图

属化,便可加速键合过程,缩短了扩散时间,防止了硅芯片的氧化。另一方法硅芯片和基座之间放置20~40μm厚的硅-金共晶薄膜片,以缩短扩散时间。共晶键合重复性好,封接气密性好,机械强度高而且是导电的。依据共晶系统不同,表现出好的热和化学稳定性。共晶键合的缺点是高的作业温度,冷却时会引入较大的热应力。基于这一点,共晶键合只适合于封接小的芯片。

4.3.3　阳极键合

阳极键合是将硅芯片或圆片与玻璃衬底相封接,是一种特别流行的封接方法。图4-7示出阳极键合的示意图。通常用硼硅玻璃作玻璃衬底,因为它与硅有相近的线膨胀系数。键合时硅芯片或圆片放在热阳极板上,硼硅玻璃又放在它的上面。阴极与硼硅玻璃是点接触的。封接时的温度为250~500℃之间。加热板和硼硅玻璃间加200~1000V电压。形成的电场使硅片和硼硅玻璃之间相互吸引。未加电压时可以见到因硼硅玻璃与硅芯片之

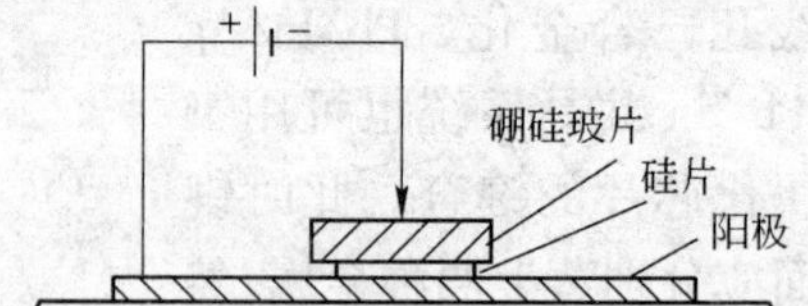

图4-7　阳极键合示意图

间存在气隙而出现牛顿环干涉图案。一旦加上电压,硅片与硼硅玻璃间的气隙消除,牛顿环立即消失。键合过程由内向外发展,称为静电封接,图 4-8 示出阳极键合过程电流的变化。阳极键合的机理是:温度升高后,玻璃中 Na^+ 离子的迁移率提高,在电场作用下,Na^+ 向阴极迁移,并在阴极被中性化。但玻璃中固定的束缚负离子保持不动,并在硅的表面感应形成一空间正电荷层,将硅片吸引过来。玻璃和硅之间的距离仅为几微米。整个电压降降落在其上,使玻璃衬底和硅芯片之间的电场强度达到 10^8 V/m 数量级,由此造成约 1 ~ 2MPa 的压力。由于这一压力,玻璃和硅便相互压紧,电压便只降落在玻璃中的空间电荷区中。电压增强到玻璃中氧与相邻的硅键合成彼此相连接的 SiO_2 层。依据温度和电压不同,键合过程的时间为 10s 至几分钟。高温和高压加速 Na^+ 离子的迁移。阳极键合是不可逆键合。也就是说,电压取消后,硅芯片和硼硅玻璃之间的封接不再松开。原则上,每种玻璃都适合阳极键合,只要这种玻璃在上述温度范围出现一定的导电性。也可用金属代替硅与玻璃相封接,不过,这种金属不会在玻璃中注入轻的可动离子。用 Ta、Ti、Al 等合金与玻璃的阳极封接也成功地实现了,但与 Ag 的阳极封接不成功。阳极封接也可用于硅与硅的连接,此时硅的表面要用硼硅玻璃喷涂。这一层硼硅玻璃至少应有几微米厚,以防止出现空洞,因为空洞妨碍键合过程。

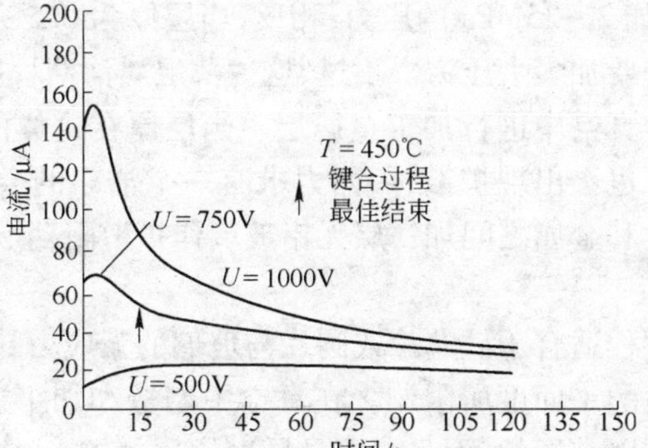

图 4-8 阳极键合电流变化

阳极键合与玻璃密封一样,是不导电的、气密的、热稳定的和化学稳定的,而且机械强度高。将硅片与硼硅玻璃阳极键合时,无论是芯片还是圆片,由于硼硅玻璃和硅有相接近的膨胀系数,封接所造成的热应力是很小的,这对压阻型压力传感器极为有利。不过,理论上是这样说的,而实际生产中还时常出现开裂问题。表现为:(1)硅片与玻璃片封接后脱落;(2)玻璃片炸裂。造成脱落的原因是材料抛光平整度不够,封接前清洗不干净。开裂的原因是原始裂纹和微开裂,造成应力集中。封接时的热循环又造成裂纹和开裂的传播。

阳极键合也已作了许多改进。可直接将金属导管和 95 号或 GG17 号(相当于硼硅玻璃 7740)玻璃、硅芯片三者一次阳极键合在一起。玻璃基座接负极,金属导管和硅芯片接正极。封接前的抛光加工要求表面粗糙度达 14 以上,表面不平整度应小于 50nm。封接温度为 400 ~ 450℃,电压为 1200 ~ 1500V。此外表面喷涂上低温玻璃后,还可在室温下键合。

4.3.4　冷焊

冷焊是指两种金属层在高压、低温下不熔融而相互连接起来。所需压力随层厚降低和温度升高而降低。连接的质量和持久性强烈依赖于表面的清洁度和加工质量。在环境温度下和几百纳米层厚下,必须加 2 ~ 35MPa 的压力;相反,当层厚为 0.5 ~ 0.55nm 时,实际便不需要加多大压力。不过,这一薄层对清洁程度十分灵敏,因而要求在真空中进行加工金属层。当层厚在这样的数量级下,即使室温下也会出现扩散,因而力求有一个洁净的金属层。人们通常在芯片和金属之间加一层无铅玻璃作扩散阻挡层以限制这种扩散。

冷焊过程适合于硅芯片或圆片与玻璃的无应力封接。封接的质量受衬底的平面度所限制。在真空中制造和加工这一层,技术上是相当难以掌握的,而且费用是昂贵的。

4.3.5 钎焊

与共晶键合相反,用软焊料钎焊连接芯片时,硅不发生熔化,钎焊时参与金属化连接的两金属被焊剂湿润再连接起来。焊剂除通常用的 Sn/Pb 共晶合金外,还有其他组成,熔点总是在 400℃以下。

钎焊时,原始的硅表面不能被焊剂所浸润,因此必须对硅表面进行金属化处理。金属化时,可以考虑多层组合。通常以 Ni 作为底层,其厚度为 0.5 ~ 3μm,0.1 ~ 0.3μm 厚的 Ag 和 Au 层可作表层。对于无 p - n 结的欧姆连接,对 p - Si 可选用 Al - Cr - Au 组合层;对 n - Si 则用 Ti - NiSi - AuSb 层,已证明是可靠的。钎焊的合适厚度为 50μm。因为作业温度低,所产生的热应力比共晶键合时更小。另外,因为焊剂有高的延展性和大的层厚,热应力便被很好地补偿掉了。总之,与共晶键合相比,钎焊可加工更大的芯片。

注意,钎焊很少被用于作传感器的封接,因为这种连接的机械强度相对比较低,满足不了对承压的要求。另外,被焊件必须制作成适合钎焊的形状。钎焊的优点是气密的,机械强度比黏结法高但比其他封接技术低。

4.3.6 硅—硅直接键合

硅—硅直接键合是硅片在高温下的平面接合过程。近十年来开展了广泛的研究,已趋实用化。键合时,将两块经去离子水充分清洗干净的硅抛光圆片,再用 $H_2SO_4 + H_2O_2$ 处理,在无尘条件下接触叠合在一起,放入 1050℃的管式炉中,加热 1h 后取出。于是两个圆片便自然地连接在一起。

硅—硅键合之所以受到人们重视,是因为利用该技术可以获得厚层外延所不能获得的高表面质量。像外延一样,改变片子的掺杂,可以得到 n/n^+、p/p^+ 或 p - n 结的键合。不过目前还不能得到重复性十分好的硅—硅完美键合,让硅的键合面气相淀积一层锗，然后再进行硅—锗键合，利用夹层中的硅、锗合金将两块硅圆片键合起来，键合效果令人十分满意。

因为硅—硅键合作业温度很高，远超过铝的熔点（660℃）。硅—硅键合作业应在芯片金属化、刻蚀内引线和合金化之前进行。目前硅—硅直接键合在功率晶体管中得到应用，表现出饱和压降略低的优点。

4.3.7　玻璃密封

玻璃密封广泛地应用于电子真空管中。玻璃可与 17% 或 28% Cr – Fe 合金、Fe – Ni – Co 合金、Fe – Ni、Fe – Ni – Cr 合金有很好密封性。美国材料测试协会规定了各种密封合金的成分和线膨胀系数。对 101 型密封玻璃也作了规定，其主要化学成分的比例（%）为 SiO_2 : Al_2O_3 : Na_2O : K_2O : PbO = 56 : 1.5 : 4.0 : 8.5 : 29。软化温度为（630 ± 10）℃，退火温度为（435 ± 10）℃，热膨胀和收缩系数分别为 8.95×10^{-6}/℃和 10.1×10^{-6}/℃。借鉴于金属与玻璃间的密封，也将玻璃密封应用于硅片与玻璃基座间的密封。键合时将酒精 – 玻璃粉悬浮体涂在键合面上。干燥时溶剂便蒸发了，留下玻璃粉。接着进行烧制玻璃，玻璃粉便熔化成均匀的玻璃层。烧制时需加压力，玻璃层冷却后便将芯片和衬底玻璃接合起来。层厚约为 10μm。当低熔点玻璃粉撒在键合面上时进行键合，则不需要高温烧制玻璃，这时层厚较小，约 0.8μm。玻璃封接的温度取决于密封玻璃的成分，一般在 415℃和 650℃之间。

4.3.7.1　影响可封接性的因素

硅片与陶瓷或可伐合金的密封玻璃基座的封接是一件十分困难的事。硅的熔点高达 1420℃，而封接温度远低于硅的熔点。玻璃密封时只有利用低熔点焊料玻璃将固体的硅与基座相封接。这样，玻璃封接的成败便取决于以下因素：

（1）被封接材料间的线膨胀系数差别。硅（100）面的线膨胀系数为 2.62×10^{-6}/℃。一般玻璃的线膨胀系数为（10^{-5} ~ 10^{-6}）/℃。可伐合金密封玻璃的线膨胀系数为 1×10^{-5}/℃，与硅的线膨胀系数相差甚远。因此力求选定线膨胀系数小的玻璃与硅相封接。但不同组分的玻璃,往往其线膨胀系数越小,屈服或软化温度越高。线膨胀系数小又熔点较低的玻璃可以选 B_2O_3 - SiO_2 - PbO 系和 B_2O_3 - PbO - ZnO 系。后者的软化温度及线膨胀系数的等值线如图 4-9 所示。由图可以看出,同时增加 ZnO 和 B_2O_3 含量可以减小线膨胀系数。增加 PbO 含量可降低软化温度。增加 B_2O_3 含量提高玻璃的耐水性能。经过多次反复试验,选定软化温度约为 400℃,又有耐水性能,线膨胀系数为 7.0×10^{-6}/℃的折衷成分约为 20% ZnO,60% PbO 和 20% B_2O_3(摩尔比)。这一组分的焊料玻璃的线膨胀系数与 101 密封玻璃的线膨胀系数(8.95×10^{-6}/℃)相接近,而与硅的仍相差甚远。因此低熔点焊料玻璃与硅之间还需要中间的过渡层。我们可选定一种氧化物,其膨胀系数介于硅和低熔点焊料玻璃之间。

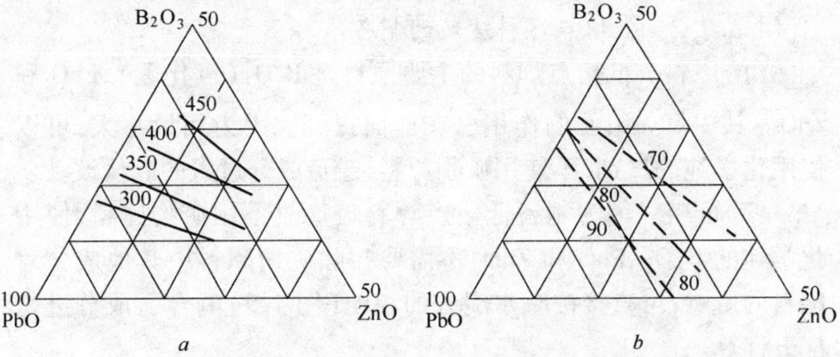

图 4-9 B_2O_3 - ZnO - PbO 系玻璃的特性

a—软化温度等值线(℃);*b*—线膨胀系数的等值线($\times 10^{-6}$/℃)

(2)封接材料间的浸润性。这也是影响可封接性的重要问题。一般来说,玻璃中可以添加许多氧化物,除 SiO_2、B_2O_3、Al_2O_3 外,还可以添加碱金属氧化物,如 ZrO_2、TiO_2、Ta_2O_6、Cr_2O_3,以及 WO_3、WO_2、MoO_2、Fe_3O_4 等。因为玻璃与这些氧化物及陶瓷都有相互渗透及浸润能力,因此低熔点焊料玻璃与陶瓷或 101 密封玻璃间封接不成问题。虽然低熔点焊料玻璃与硅的线膨胀系数有较大差别，相互间浸润性也不好，所以很难封接起来。但是当硅的封接面生长一层线膨胀系数介于硅和低熔点焊料玻璃或基座陶瓷和玻璃（封接可伐合金管壳）之间的氧化物，则可用低熔点焊料玻璃实现硅芯片与基座间的相互封接。这一结构的特点是中间氧化物与硅有较高的结合或键接强度，而且与低熔点焊料玻璃之间有良好浸润和渗入性，见表 4-1。

表 4-1　用低熔点焊料实现硅芯片与基座间的相互封接的特性

特　性	硅	中间氧化物	低熔点焊料玻璃	101 玻璃	可伐管壳（表面氧化）
线膨胀系数/℃$^{-1}$	2.62×10^{-6}	$(3<a<6)\times10^{-6}$	7.0×10^{-6}	8.95×10^{-6}	8×10^{-6}
湿润性或黏着力	√ 佳	√ 佳	√ 佳	√ 佳	√ 佳

4.3.7.2　低熔点焊料玻璃的制备

（1）原料。低熔点焊料的主要原料是 B_2O_3（氧化硼）、PbO 和 ZnO。其中每一组元的作用已在前面提到。因为用量不大，可以使用化学纯的试剂，不使用矿物原料，避免成分过大的起伏波动。

（2）配料。因为制备低熔点焊料玻璃时不用矿物原料，使用化学纯的 B_2O_3、PbO 和 ZnO，不需要扣除矿物原料中其他成分对配料的影响；可直接按摩尔配方的相图（图 4-9）的合适成分进行配方计算。

（3）制备过程。将上述原料粉碎至数百目，混合均匀后放入坩埚中，加热到 900 ~ 1000℃，让其熔化。将熔液从加热炉中取出充分搅拌后倒入水中骤冷。反复两次后将细粉研碎待用。

4.3.7.3　封接过程

将微机械元件的基座（具有可伐合金外壳的密封玻璃）用装卡具稳定好。在密封玻璃面的封接面上撒上低熔点焊料玻璃粉。又将硅片封接面用溅射法制出金属氧化膜。然后平放在低熔点焊料玻璃粉上。放入加热炉中加热至 530℃，保温 0.5h，缓冷至室温后取出。

4.3.7.4 检验

将封接好芯片的压力传感器,装在标准压力计上进行压力试验,检验封接效果。加上一定的压力(在芯片耐压限以下)检验封接强度和是否漏油。在一定加压时间内,压力保持不变,说明封接面不泄漏,同时满足压力传感器的耐压量程要求。用低熔点焊料玻璃封接时,封接强度一般可以达到7MPa。

将检验合格的产品进行引线。引线后在恒压源或恒流源供电情况下再进行压力试验,测定输出电压与压力的关系,得到零点输出和线性度。实验证实,低温玻璃封接不会引入过大的封接应力。

综上可见,玻璃封接与静电封接(阳极键合)相比,无论硅片或基座均不需要特殊抛光加工,因而成本大为降低。同时玻璃封接可以大批量作业,一次可同时封接数百个芯片,大大提高了生产率。而且低温玻璃封接也不会引入热应力,是值得推广的工艺。

4.4 硅片与硅片低温直接键合

4.4.1 各种硅—硅直接键合法

4.4.1.1 高温键合

硅—硅高温直接键合法主要用在分立器件制备工艺中。是针对厚层外延时表面质量差以及提高外延层电阻率问题而提出的方法。当硅片的器件制作工艺过程完毕后,便不能再进行高温作业。目前的高温直接键合主要有两种:

(1)亲水键合法。在1000℃下直接键合。

(2)硅—锗—硅键合法。在840~870℃下进行键合。键合温度低于锗的熔点。

4.4.1.2 低温键合

考虑到两封接材料间的线膨胀系数要尽可能一致,底座材料一般选用硅自身或硼硅玻璃。有下列各种键合方法。

(1)阳极键合法,又称静电键合法。这是目前广为流行的方法。详细内容可参考本章第4.3.3节。

(2) 硅对接面上溅射一层硼硅玻璃，再硅—硅阳极键合。

(3) 硅对接面上溅射一层硼玻璃，再硅—硅阳极键合。低温键合过程一般在 450 ~ 500℃ 下进行，不会对基片产生大的影响。但是硼玻璃很难处理，有在硅片表面形成硼酸的倾向，使键合过程不成功，而且还需高的作业温度。

(4) 硅对接面上喷涂硅酸钠溶液再硅—硅低温直接键合。这种方法工艺简单、效果良好。

4.4.2　硅—硅酸钠—硅低温直接键合过程

(1) 键合硅片的预处理。将硅片的对接面进行湿热氧化处理，使表面覆盖一层 100 ~ 120nm 厚的二氧化硅。这一预处理过程可在微元件芯片的制作过程中完成。

(2) 表面亲水化处理。将覆盖有二氧化硅的硅片侵入热硝酸中即可达到目的。用去离子水冲洗干净表面。

(3) 旋转烘干硅片。

(4) 在硅片的对接面上喷上硅酸钠稀溶液。这可在普通的甩胶机上进行。旋转可以保证沉积层薄而均匀。

(5) 立即将两对接面接触。依靠亲水面间的吸引力将两硅片固定对接在一起。如果用红外显微镜观察对接过程，便可以观察到键合接触象波（称为接触波）一样，由开始接触处传播开来最后遍及整个键合面，如图 4-10 所示。上面几个过程必须在洁净室进行，严防尘埃进入键合面。

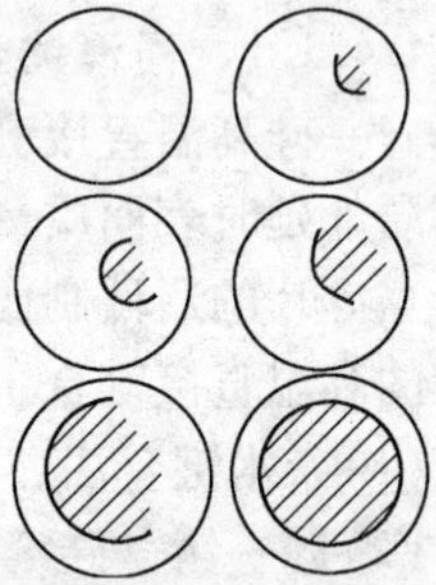

图 4-10　键合接触波的传播过程示意图

(6) 将硅片放在热板上进行处理。将硅片放置在热板上，在氮气、大气或真空条件下于 200 ~ 400℃ 下退火，胶层失去残余水而凝聚。在退火过程中不必压紧硅片或加重量以维持键合过程。凝聚反应使键合强度进一步提高。

4.4.3 影响键合质量的因素

(1)硅片表面处理。表4-2为硅片表面覆盖层的组合与键合界面能的关系。覆盖二氧化硅有利于提高键合质量。两键合面都覆盖二氧化硅时还会在键合面出现微孔。这是因为二氧化硅层可以吸收从键合界面上产生的少量水,有利于胶层的凝聚反应,提高键合强度。

(2)硅酸钠的浓度。可将市售的浓硅酸钠溶液(Na_2O: SiO_2 = 1:2)稀释至0.1%、0.5%、2.0%和5.0%(均为质量分数)。其中2.0%可以达到最高强度。

稀硅酸钠溶液有良好的浸润性,保证在硅片表面有一个均匀的薄胶层。这使表面平滑化,使一些凹隙得到充分填平。因而即使微观粗糙的表面也可得到键合。表4-3为硅酸钠键合层厚度及均匀性与溶液浓度的关系。

表4-2 表面覆盖层的组合与界面能关系

表面覆盖层	界面能/J·m^{-2}
SiO_2-SiO_2	3.2
$SiO_2-Si_3N_4$	2.1
SiO_2-Si	2.0
$Si_3N_4-Si_3N_4$	1.0 在键合面出现微孔
Si_3N_4-Si	1.0 在键合面出现微孔

表4-3 硅酸钠键合层厚度及均匀性与其浓度的关系

硅酸钠溶液浓度(质量分数)/%	5.0	2.0	0.5	0.1
层厚/nm	83.7	35.6	7.2	3.6
均匀率/%	2.2	1.1	1.4	1.2
折射率	1.457	1.437	1.450	1.450

(3)加热温度。键合时的温度在200℃以下,随温度升高,键合强度增加。200℃时达到最高,破断强度达$3.0\times10^3N/cm^2$。更高的加热温度会使硅片表面的原生二氧化硅层剥离。如前所述,

不利于键合过程。

(4)表面处理和硅片对接之间的间隔时间。这一时间越短越好,一般选择几分钟时间。也就是说,硅片从甩胶机取下后,应在几分钟内将硅片对接合拢。这是本技术成败的关键所在,应引起足够的重视。这可能是因为大气中 CO_2 会促进硅离子的凝聚反应并形成硅胶,在硅片沉积小颗粒而妨碍键合。

4.4.4　质量检测方法

(1)键合质量和过程监视。一般用红外显微镜电视仪(波长 1.1 ~1.6μm)观察键合过程。键合质量好的表现是硅片对接时可观察到接触键合波,并在十几分钟后遍及整个键合面。

(2)键合强度检测。用破断强度来测量键合的机械强度。

另外,也可在硅片之间的键合层中插入一劈刀,开裂便向内传播。用红外电视仪测量开裂的长度。基于裂纹传播理论,将裂纹长度转换成键合界面能。

(3)键合层厚度检测。可用椭圆偏振仪测厚。硅酸钠胶层的折射率为 1.43 ~1.46。

(4)键合面微孔检测。用深腐蚀法来检测键合面上的微孔。

4.5　封接材料的性质

从上面对七种封接方法的比较中可以看出,比较有效且生产中已得到广泛应用的是阳极键合、玻璃密封和共晶键合。微电子机械元件设计时,除了对芯片的版图需作周密的考虑外,也需选定封接方法,设计计划微元件的结构。整个微元件的封接涉及到芯片和底座间的连接以及底座和管壳之间的连接。这里涉及到力学和传热学问题。应力场和温度场的分布都可用数值模拟得到。模拟时必须知道材料的各种物理性质。表 4-4 列出压力传感器封装时所涉及到的各种材料有关数据。线膨胀系数与温度的函数是判断材料间热失配应力大小的重要物理量。图 4-11 中示出这种关系曲线,由图 4-11 可以看出,硅与硼硅玻璃间的线膨胀系数性质十分一致。它们相封接时，热失配应力肯定很小，这是显而易见的，表 4-5 给出八种封接技术所使用的作业温度、厚度、强度、优缺点。这里的强度是指拉伸强度。微元件受力时还存在剪切应力。某一面元上的应力矢量 $T=\sigma n$。正应力、剪切应力以及该面的方向余弦的联合作用可使该面元上的应力矢量达到一个较大的值，从而大大超过拉伸强度，使封接破坏。因此不能作简单计算，必须通过模拟计算才能选定合适的封接面积。另外，拉伸系数、杨氏模量 E 和温度的关系也是非线性的，应注意这一点。

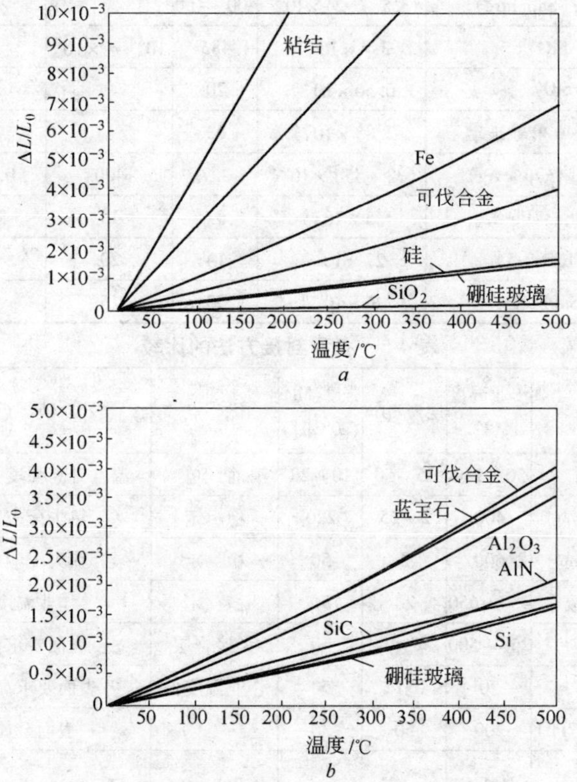

图 4-11 衬底材料线膨胀系数与温度的关系

表 4-4　300K 下各种封接材料的性质

材　料	线膨胀系数/K^{-1}	E-模量 /GPa	电阻率 /$\mu\Omega \cdot cm$	热导率 /$W \cdot (m \cdot K)^{-1}$
Si(100)	2.62×10^{-6}	130	$10^3 \sim 4 \times 10^8$	138
Si(100)	2.62×10^{-6}	170	$10^3 \sim 4 \times 10^8$	138
Si(100)	2.62×10^{-6}	190	$10^3 \sim 4 \times 10^8$	138
Fe	12×10^{-6}	210	10	80
可伐 54Fe29Ni17Co	8×10^{-6}	140	49	14
AlN	2.58×10^{-6}	340		65
蓝宝石(Sapphire)	$(5.5 \sim 7.2) \times 10^{-6}$	400 ~ 460		30
SiC	3.4×10^{-6}	483	$10^4 \sim 4 \times 10^7$	68
SiO_2	0.50×10^{-6}	70		1.4
硼硅 7740 麻粒玻璃	2.85×10^{-6}	63		1.09
环氧树脂(70% Ag)	$(33 \sim 55) \times 10^{-6}$	2.7	400	0.8 ~ 2.1
63Sn37Pb	25×10^{-6}	31	15	49
92.5Pb5Sn2.5Ag	27×10^{-6}	14	20	35
62SnPb2Ag	26×10^{-6}	23	15	55

表 4-5　各种封接方法的比较

方　法	作业温度 /℃	层厚/μm	强度/MPa (20℃时)	优　点	缺　点
黏　结	50 ~ 150	25 ~ 50	10 ~ 20	简　单	温度升高强度大大降低
Au - Si 共晶	400	2 ~ 25	220	稳　定	热失配应力大
Al - Si 共晶	600	2	50	稳　定	热失配应力大
玻璃封接	400 ~ 650	20	50	稳　定	作业温度高
阳极键合	250 ~ 500		50	无接合层	表面要求抛光
冷　焊	20	0.12	50	作业温度低	表面要求高真空
钎焊(63Sn37Pb)	200	50	30		表面金属化
硅—硅键合	800 ~ 1050			n/n^+, p/p^+ 或 p-n 结	作业温度高,难控制

5 微电子机械元件的引线

5.1 MEMS 元件的引线键合

5.1.1 引线的作用

在 MEMS 元件芯片的一定位置上制备出电极。芯片上的电路（由电阻、电容、晶体管所组成）利用内引线和电极相连接。由电极引入外部激励源以及输出随应力，甚至温度、激励电压或电流变化的电压信号。电极和内引线一般用蒸发或溅射、电镀金属的方法，再经刻蚀而形成，有时还要进行合金化处理。内引线的始（或末）端便是电极。单层结构电极通常就是铝电极。为了改进引线键合的可靠性也发展了多层结构，如 Au/TiW/Al，Al/TiN/Ti/Si 等。MEMS 元件的基座上制备有厚膜电路、印刷线路板或有接线柱，接线柱数目或印刷线路板上刻蚀出的电隔离的铜条数与电极数应一一对应。外引线就焊接在接线柱上或印刷线路板的各铜条上。外引线合股后用电缆从微元件引出至检测仪表（数字电压表、A/D 变换器、变送器）等。引线就起着芯片上的电极与焊接在基座的接线柱或管壳的印刷线路板上的外引线之间相连接的桥梁作用。更清楚地说，将细导线一端与芯片上的电极相键合，另一端与接线柱或印刷线路板上的对应铜条相连接。而细导线本身依靠其刚性各自独立悬于空中，与其他任何物体都是严格绝缘的。

5.1.2 对键合引线材料的要求

（1）导电性能好。这是因为键合引线很细，一般 MEMS 元件的激励电流是毫安量级。电流密度可以达到 $500A/cm^2$ 以上。直径越细，单位长度的电阻越大。电阻引起导线发热，超过引线材料的熔点后便会引起它的熔断。对于一定直径的键合引线，通常用单位长度的阻值和熔断电流来衡量导电性能的好坏。金和铝是导电性能很好的材料，表 5-1 示出它们的导电特性。

表 5-1　金和铝的导电性能

材 料	电阻率/Ω · μm	25μm 直径的阻抗值/$\Omega \cdot m^{-1}$	20μm 直径熔断电流/mA
Au	0.023	47.6	600
Al	0.029	55.7	300(1% Si)

(2)化学稳定性好。适用于湿的或油气、酸性或碱性的环境中，要求引线化学稳定性好。金是最稳定的，铝因为表面形成致密的氧化膜后不再继续氧化，也是比较稳定的。

(3)机械强度。机械强度之所以重要在于两方面。一方面引线过程给金属丝一个拉力，线丝不能断裂；另一方面线丝在器件中是悬空的，要承受自身的重量，没有抗弯性能的话就会耷拉下来。

机械强度与材料本身有关外，还与线丝的直径和加工硬化程度和有未退火有关。铝中加入 1% 的硅后，其抗拉强度比纯铝高 4～5倍。表 5-2 示出 25μm 直径的金和铝的机械强度。

表 5-2　25μm 直径的金和铝的机械强度

材 料	质量/$mg \cdot m^{-1}$	最小延伸率/%	破坏强度/N
金	9.78	6(退火后)	6×10^{-2}
铝	1.33	4(退火后)	8×10^{-2}(退火后)

(4)加工性能好(延展性好)。引线时用的是很细的金属丝，一般由拉丝形成。因此线丝材料应有很好的延展性。拉丝时会发生加工硬化，即变硬、变脆，继续延伸变得困难，因此越细的丝的延展性越小，经过退火后有所改善。表 5-2 中已示出 25μm 直径时金和铝的延伸率。可以看出，铝的延展性是相当好的。无论金还是铝，拉至 25μm 直径以下时，延伸率就降得很低。对于铝来说，表面有高熔点的坚硬的氧化膜，加工至 50μm 以下是困难的。一般加工时，先在铝丝上包一层铜，然后拉丝，便可得到 25μm 的细丝。

(5)可键合性和可靠性。在本章 5.3 节详细叙述。

5.1.3 MEMS元件中应用的引线键合工艺

在MEMS元件中广泛地应用分立器件及集成电路工艺所使用的引线键合技术。主要有热压键合、超声键合以及载带自动键合(TAB)技术。前两种适用于芯片上电极数比较少的情况，TAB技术适用于芯片的引脚数十根以上的情况。目前发展的焊球栅倒装芯片封接技术已将封接与引线相结合，成为统一的工艺。

(1)热压键合法。将基座加热到300℃左右，使引线对准焊接处，利用压刀或使引线从硬质玻璃毛细管孔中导出，在引线上施加一定的压力。维持数秒钟，使引线变形在键合处产生塑性流动，并破坏界面上的氧化膜，使两种或同种金属接近到原子间引力作用范围，实现键合。

图5-1示出金引线的热压球形头键合过程，作业温度可降低到不大于150℃，而且操作简单、焊接牢固。金丝直径的合适范围是17～25μm。

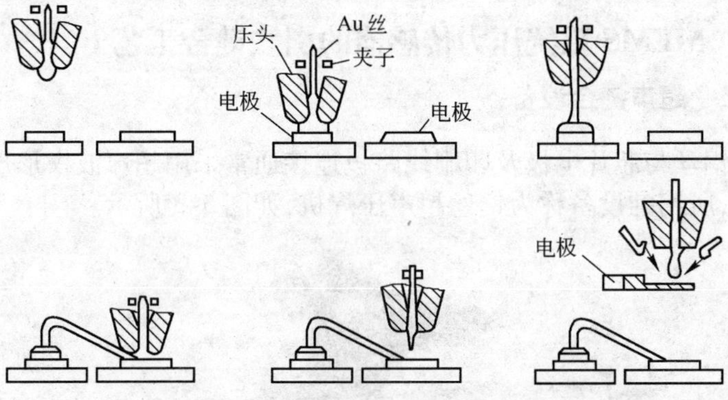

图5-1 热压球形头键合过程

(2)超声键合法。将超声振动传给劈刀，劈刀对铝丝施加一定压力，带动铝丝在电极的表面上来回摩擦，使两者表面产生塑性形变同时破坏表面的氧化膜，使两纯粹的金属面紧密接触，依靠原子间的引力实现键合。图5-2示出利用劈头导丝超声键合过程。

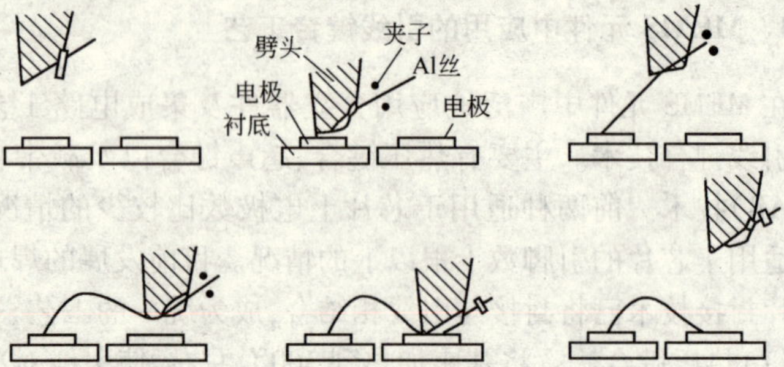

图 5-2　超声键合过程

超声键合过程的优点在于：

1）超声键合的铝丝直径的合适范围是 25 ~ 50μm，可对较粗的铝丝进行键合，提高了引线的强度。目前广泛采用的是含 1% 硅的冷拉铝丝；

2）可在室温下进行键合，而且键合时间不越过 1s，提高了键合的强度；

3）键合质量高。

5.2　MEMS 系统压力传感器的引线键合工艺

5.2.1　超声键合设备

铝丝与芯片电极及印刷线路板连接通常采用超声波楔形压焊技术，所用的设备称为铝丝超声压焊机，如图 5-3 所示。

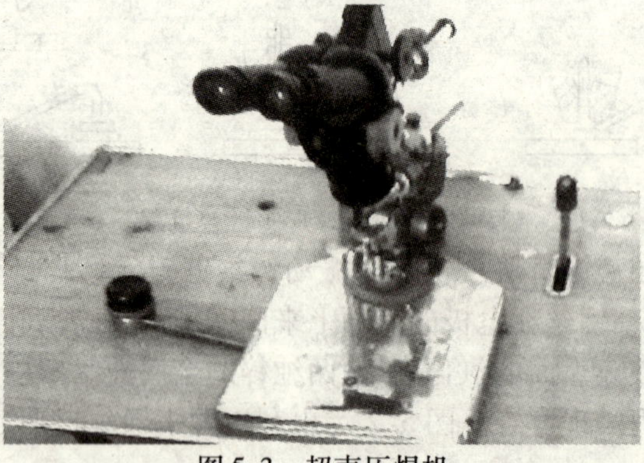

图 5-3　超声压焊机

键合工具的作用是将纵向振动转化为横向振动，通过与引线的接触传递超声能，并在压力的配合下实现引线的键合。劈刀按照铝丝的粗细，分成两种，一种是适用于70μm铝丝的粗刀，它的直径约为90μm。另一种是适用于40μm和50μm铝丝的细刀，它的直径约为70μm。如图5-4所示。

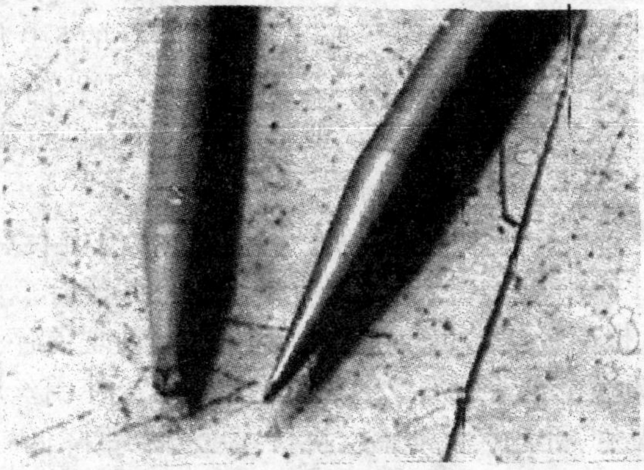

图5-4 两种粗细刀口

超声键合后，在显微镜下观察键合点和键合引线是否符合工艺要求，在检查中如果发现有不合格的，就必须剔出。图5-5是印刷线路板超声键合后的图示。

在显微镜下（垂直照明）观察键合点铝丝的变形情况如图5-6所示。

图5-5 超声键合印刷线路板

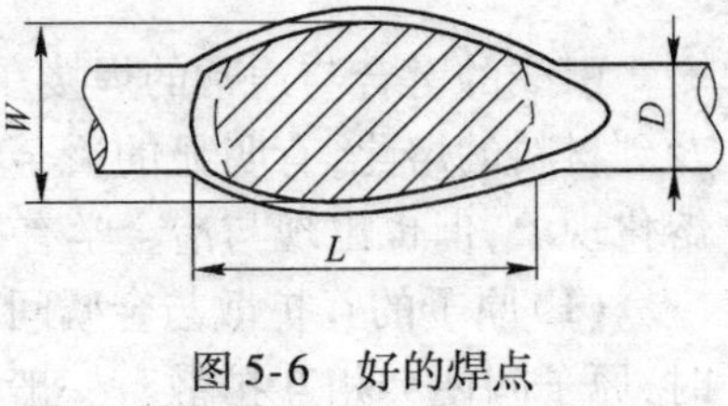

图5-6 好的焊点

图中，W 表示键合区（铝丝上劈刀压痕）宽度，L 表示键合区（劈刀压痕的部分）长度，画斜线部分表示键合点的键合区。

一般情况下，焊点沿长轴方向为椭圆形，键合点的键合区宽度 W 应大于或等于所用引线直径（ϕ20 ~ 50μm）的 1.2 倍和小于或等于引线直径的 3.0 倍（$1.2D \leqslant W \leqslant 3.0D$ 引线）；其长度应大于或等于引线直径的 1.5 倍和小于或等于引线直径的 5.0 倍（$1.5D \leqslant L \leqslant 5.0D$ 引线）。如图 5-6 所示。如果在一个电路的检查中发现有一个键合点不符合上述要求，或键合区铝丝有缺口或撕裂现象存在，则该电路的键合就不合格。

键合点根部铝丝变形应正常。其中包括（1）键合点根部铝丝不允许有任何割伤或撕裂现象存在。否则，该键合点就不合格。（2）键合点根部铝丝上也不应有劈刀严重滑动现象存在，而致使键合点根部铝丝出现折痕（与键合区交界处），使铝丝厚度变薄，机械损伤严重，键合点根部铝丝抗拉强度会严重降低。键合点为不合格。

5.3 引线的可靠性与可键合性

引线连接的最关键问题是可键合性与可靠性。可键合性是指两种金属依靠一定键合工艺使它们结合起来的能力。连接应有一定的强度，使用较长时间后不会脱开。可靠性是指引线结合处在一定的环境（温度、湿度、气氛）下在结合处因产生界面层或空洞、裂纹而导致连接失效。可能影响引线键合可靠性的因素主要有以下几种因素。

5.3.1 材料间键合接触时的冶金学效应

引线的键合与通常的焊接在概念上是有区别的。后者一般涉及到材料的熔化，有明显的冶金学效应。键合过程虽然无明显的熔化现象，但也出现与冶金学有关的效应。

（1）原子的互扩散与金属间化合物的形成。不同材料相接触时，原子间便会相互扩散。一般在 200℃ 以上便可出现原子间互扩散。金属原子互扩散的结果便形成金属间化合物。甚至在室温下便可形成金属间化合物。这种化合物往往不遵守原子价结合规律,通常形成有序固溶体,即一定原子处于晶格中一定位置,因而原子数有一定比例。在相图中处在一定位置上。金属间化合物有的延展性好,有的却很脆,影响可键合性。

(2)克氏空洞的形成。当金属间化合物形成时,同时发射空位。空位又可以集结在一起在键合处凝聚成空洞。因而不仅降低了键合的强度,而且减少了可利用的有效通电流面积,必然引起接触电阻增加。因为表观接触面不变,这相当于接触电阻率增加。

(3)固相沉淀物的形成。固相反应除了生成金属间化合物外,往往导致某种元素发生偏析,甚至当浓度超过一定极限时会出现沉淀,如 $Co/Si_{0.8}Ge_{0.2}$ 键合连接时形成 $CoSi_2$ 相,因硅的失去从而导致 Ge 偏析,乃至沉淀。

(4)界面上绝缘层或缺陷的形成。界面上绝缘层的形成,在芯片上键合区光刻胶或窗口钝化膜未去除干净,可形成绝缘层。金属间键合接触时,在有氧、氯、硫、水汽的环境下,金属往往与这些气体反应生成氧化物、硫化物等绝缘夹层或受氯的腐蚀,导致接触电阻增加,从而使键合可靠性降低。另外,在键合处也会产生某种缺陷,如 Al - Si 接触时的所谓钉子缺陷,会引起漏电。

(5)接触势垒。由于不同金属的电子逸出功(功函数)不同,会导致接触处能带发生弯曲,从而出现肖特基势垒,电流的正反方向表现不同的特性。这一势垒越低,则欧姆特性越好。引线间键合接触时通常希望是欧姆特性。引线孔附近的半导体层都应是重掺的。

(6)表面沾污,原子不能互扩散。包括芯片、管壳、劈刀、金丝、镊子、钨针,各个环节均可能造成沾污。外界环境净化度不够,人体净化不良,芯片、管壳等未及时处理干净,都会影响键合的可靠性。

5.3.2 各种材料的键合接触

(1)Au－Au 系统。可靠性非常好，没有界面腐蚀、金属间化合物形成等问题。既可热压键合也可超声键合，最好在一定温度下进行 Au 丝键合。但热压键合的可键合性强弱取决于芯片表面清洁程度。

(2)Al－Al 系统。无金属间化合物和腐蚀问题，是相当可靠的键合。热压时有大的形变，最好采用超声波键合工艺。

(3)Au－Ag 系统。在高温下长期工作可靠，没有金属间化合物和界面腐蚀等问题，Au 丝与镀 Ag 引线框架的键合已成功应用多年。如果 Ag 搭接片被硫化物所污染严重变黯淡，则键合困难。在 250℃以上键合，可使 AgS 分解。

(4)Al－Ni 系统。Al－Ni 很易键合，在不同环境下比 Al－Au 系统更为可靠。采用大直径 Al 丝（大于 75μm）的 Al－Ni 键合不容易产生克氏（Kirkendall）空洞，在功率器件和高温使用条件下，该系统已有超过 20 年的应用历史。由于 Ni 表面易氧化，可键合性问题超过可靠性问题。因此镀 Ni 后应在惰性气氛保护下迅速键合或在键合前化学清洗。

(5)Au－Al 系统。是引线键合中最为广泛使用的系统。200℃，700h 后 Au－Al 这一系统将不可避免地导致形成 Au－Al 金属间化合物和克氏空洞，而且其形成随温度和时间的增加而加速。Au－Al 系统共存在 5 种金属间化合物形式。键合初期，即使在室温下，Au－Al 界面处也会率先形成 $AuAl_2$ 化合物。因此这一系统通常存在可靠性问题。称为“紫色瘟疫”，Al－Au 之间溅射一层 TiN，TiW 势垒层可防止 Al－Au 反应导致“瘟疫”产生。

(6)Au－Cu 系统。Au 丝与 Cu 引线框架的键合会导致三种延展性金属间化合物（Cu_3Au，AuCu 和 Au_3Cu）的形成，其激活能均在 0.8～1eV 之间。在 200～325℃的高温下，由于克氏空洞效应，这些金属间化合物的形成将降低键合强度。100℃下有 5h 寿命。

Au－Cu 系统键合时表面的清洁度非常重要。另外，如果芯片黏结时采用聚合物材料，该聚合物必须在惰性气氛下固化以防止氧化。

(7) Al－Ag 系统。厚膜混装电路中通常采用 Al 丝与镀 Ag 引线框架(Ag－Pt 或 Ag－Pd 合金)的键合。Ag－Al 相图非常复杂，有许多种金属间化合物形式。可能形成克氏空洞，但其形成温度一般高于微电路的工作温度。实际上 Al－Ag 键合系统很少采用，因为容易发生互扩散且受潮解腐蚀。Cl 是最主要的腐蚀性元素。用氨水清洗可提高可靠性。汽车电子混装电路中通常采用大直径的 Al 丝与 Pd－Ag 厚膜键合。此时键合表面必须用溶剂清洗，而后再用去离子水清洗并监测电阻率。该种混合电路还需要覆盖硅树脂胶做进一步保护。

另外，可由金属电极电位得出金属之间键合是否可靠。金属的电极电位相接近的比较容易键合，相差较远的不易键合。表 5-3 给出了几种金属的电极电位。

表 5-3　几种金属的电极电位

金　属	Sn	Al	Cu	Ni	Ag
电极电位/V	0.136	1.67	－0.3448	－0.23	－0.7995

由上述得出，Au－Au、Al－Al、Al－Ni、Al－Cu 键合都是非常容易的。而 Au－Al、Al－Ag、Cu－Sn、Al－Sn 等在常温下不易键合，通常选择 Al 丝引线，镀镍的印刷线路板，芯片上为铝电极，即为 Al－Ni，Al－Al 键合可靠。

5.4　压力传感器的键合工艺及效果

5.4.1　芯片电路及引线

为保证引线键合点的可靠性，我们应尽量使连接芯片上的电极与底座镀镍印刷线路板的引线长度最短，松紧适中。这就涉及到芯片上的电极与印刷线路板的六个焊片对应位置问题。

印刷线路板（如图 5-7 所示）是镀镍的，与铝丝的键合很可靠，芯片电极为铝电极，Al – Al 键合可靠。在显微镜下观察芯片电极，找到印刷线路板应放的最佳位置，使芯片上每一个电极尽量与印刷线路板的六个焊片接近，不能出现个别太近和太远问题。

按照上述要求，找到印刷线路板的最佳位置。图 5-7 与图 5-8 为两种不同芯片与印刷线路板的平面示意图（实际芯片与印刷线路板有一段距离）。

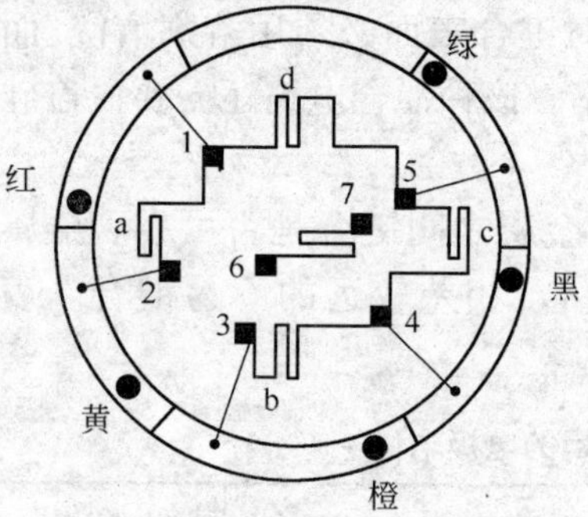

图 5-7　不闭合芯片电路

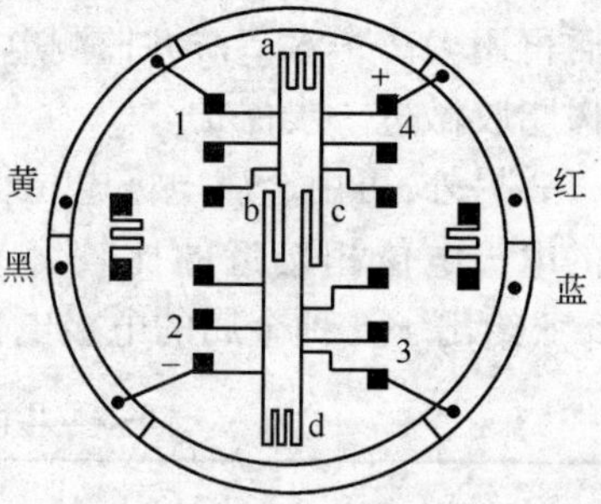

图 5-8　闭合芯片电路

图 5-7 中芯片有五个电极（1，2，3，4，5），6，7 为备用电极。a，b，c，d 为四个力敏电阻。红、黄、橙、黑、绿为导线。其中，红、黑分别接正、负电源，绿接输出信号，黄、橙之间为外接电阻。画出电路图，不闭合电桥电路如图 5-9 所示。

这是惠斯顿电桥，输出电压 $U = U_B$（电源电压）$\frac{\Delta R}{R}$，ΔR 与外界压力成正比，引起输出电压的变化。

图 5-8 中，在 1，2，3，4 位置上各有 3 个电极，但这三个电极的位置是相同的，这就可以任选其一进行键合，便于在适当位置引线和电极备用，其他为备用电极。a，b，c，d 为力敏电阻，黄，黑，红，蓝为导线，画出电路图，闭合电桥电路如图 5-10 所示。

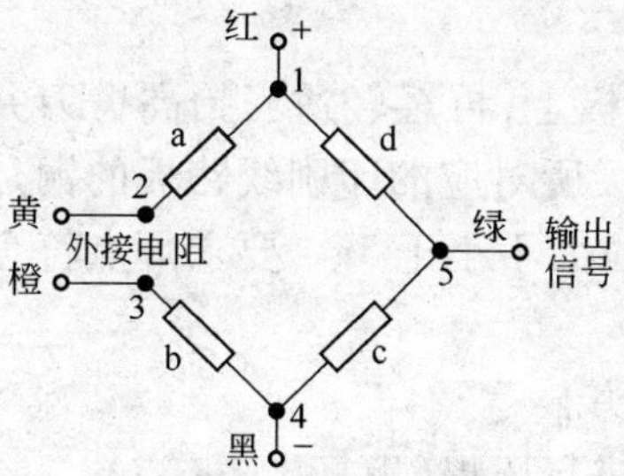

图 5-9 不闭合电桥电路图

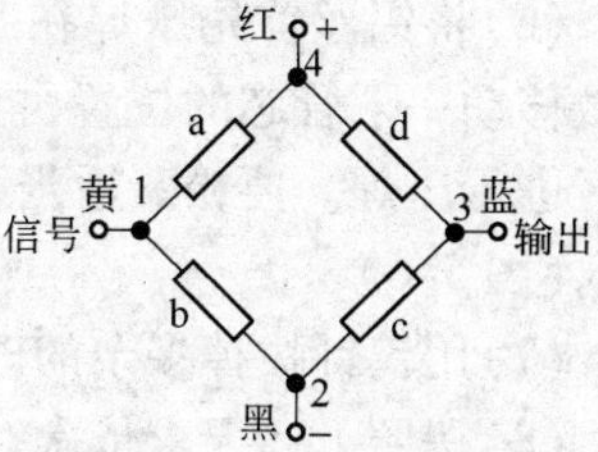

图 5-10 闭合电桥电路图

这是全桥差动电路，a，c 增加 ΔR_1，ΔR_3；b，d 减少 ΔR_2，ΔR_4。若满足 $\Delta R_1 = \Delta R_2 = \Delta R_3 = \Delta R_4$，则输出电压为 $U = U_B$（电源电压）$\dfrac{\Delta R_1}{R_1}$。

5.4.2 压力传感器键合工艺步骤

（1）用万用表测量印刷线路板绝缘区之间是否短路，保证其绝缘性。

（2）将 914 环氧树脂黏结剂 A 胶和 B 胶按照 1∶5 比例配置好后涂于印刷线路板四周边缘，注意不要涂在底座上，否则会覆盖芯片电极。将印刷线路板与封装好的管壳按照图 5-7 或图 5-8 黏结起来。放置 4h 以上。

（3）键合前先对硅铝丝进行清洁处理。戴手套将硅铝丝绕在不锈钢上，放入烧杯中，用甲苯、丙酮、无水乙醇各超声清洗两次，每次 10 ~ 15min（或各浸泡 30 ~ 40min 后倒掉，用去离子水冲洗 10 杯次）以上，干燥后备用。

要求硅铝丝表面光亮，光滑，不氧化，不发脆，可塑性好。

（4）调节好超声压焊机各旋钮的位置及压力。

（5）戴手套将封装并清洁后的管壳放在超声压焊机支架上，调整好压焊的位置及劈刀、铝丝合适后，将铝丝压在适当位置。在压焊同时互检玻封烧结后管芯质量，是否掉角、裂纹、铝层划伤、表面氧化等,并剔出掉坏芯片。

(6)将铝丝首先压焊在芯片电极上,再轻轻适当抬高劈刀并稍微移动一下管芯的位置,再在电极所对应的印刷线路板的铜片条区进行压焊。要松紧适当,引线拉力不小于5g。要求焊点符合要求(图5-6)。

(7)用钨针拔掉多余的硅铝丝头。

(8)按照上述要求依次对电极进行压焊(重复步骤6,7)。

(9)所有电极键合完毕后,进行导线焊接,按照图5-7、图5-8依次将对应颜色导线焊接对应位置上。注意:焊点不能过大,否则会引起与金属管壳的短路。对于不好的键合,我们也可采取用银浆修复或代替键合完成芯片与印刷线路板的连接。键合好的芯片如图5-11所示。

图5-11　闭合电桥的完好键合示意图

本节对引线键合中的超声键合技术做了概括。找到影响键合可靠性的主要因素为材料的冶金学效应。通过分析几种金属的键合系统中,认为铝与镍、铝与铝的键合都很可靠。找出印刷线路板与芯片键合的最佳位置,有效地将芯片上的电极与印刷线路板相连接,完成了压力传感器引线这一重要步骤。

6 MEMS 元件的制作

6.1 硅膜电容型压力传感器

传感器中的硅膜依靠微机械加工法腐蚀制得,硅膜的两侧或一侧是固定的玻璃基座。基座的内侧面溅射上铝膜或金膜作为固定电极。不被腐蚀的硅片作为固定电极,被腐蚀的硅膜作为可动电极。分别与玻璃基座形成固定电容器 C_0 和可变电容器 $C_0+\Delta C(P)$。受流体压力时硅膜发生弯曲,可变电容器的电容增加 $\Delta C(P)$。$\Delta C(P)$与压力有关,通过外电路测出 $\Delta C(P)$,便可测出流体压力。制作时要求此两电容器的 C_0 尽可能一致。

6.1.1 电容变化量与流体压力的关系

6.1.1.1 *承压膜的挠曲面微分方程*

无论机械金属膜式还是硅膜式电容型压力传感器都利用弹性膜承压时的弯曲变形引起电容器极板之间的距离变化导致电容值的改变,从而测出流体压力,承压膜弯曲变形的大小,一般可用挠度 ω 来衡量。

设 p 为膜上的压强,Q_1、Q_2 为膜纵截面上的剪力,M_1、M_2 为膜上的弯矩,M_{12}和 M_{21}为扭矩。

图 6-1 中已示出 M_1、M_2、M_{12}、Q_1、Q_2 及其经膜单元边长 dx_1、dx_2 后的变化量。

在铅垂方向力的平衡为

$$-p\mathrm{d}x_1\mathrm{d}x_2+\frac{\partial Q_1}{\partial x_1}\mathrm{d}x_1\mathrm{d}x_2+\frac{\partial Q_2}{\partial x_2}\mathrm{d}x_2\mathrm{d}x_1=0$$

也就是

$$p=\frac{\partial Q_1}{\partial x_1}+\frac{\partial Q_2}{\partial x_2} \tag{6-1}$$

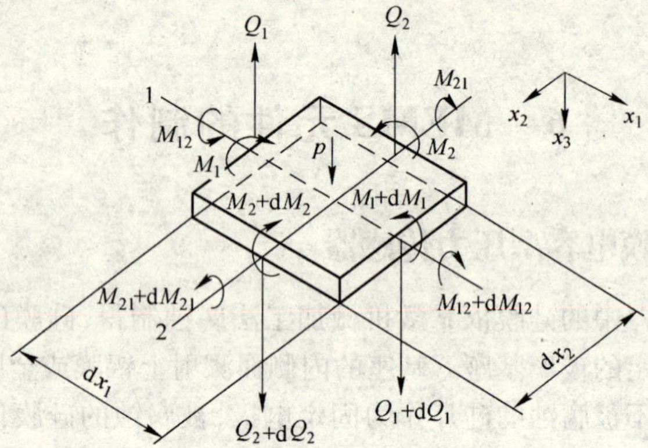

图 6-1　膜单元受力情况示意图

在膜单元中心作平行 x_1 轴和 x_2 轴的中心线 1 和 2。绕 1 线轴转动的力矩平衡有

$$(2Q_2\mathrm{d}x_1)\cdot\frac{\mathrm{d}x_2}{2}+\left(\frac{\partial M_2}{\partial x_2}\mathrm{d}x_2\right)\cdot\mathrm{d}x_1+\left(\frac{\partial M_{12}}{\partial x_1}\mathrm{d}x_1\right)\mathrm{d}x_2=0$$

即
$$Q_2=-\left(\frac{\partial M_2}{\partial x_2}+\frac{\partial M_{12}}{\partial x_1}\right) \tag{6-2}$$

绕 2 线轴转动的力矩平衡有

$$(2Q_1\mathrm{d}x_2)\cdot\frac{\mathrm{d}x_1}{2}+\left(\frac{\partial M_1}{\partial x_1}\mathrm{d}x_1\right)\mathrm{d}x_2+\left(\frac{\partial M_{21}}{\partial x_2}\mathrm{d}x_2\right)\mathrm{d}x_1=0$$

即
$$Q_1=-\left(\frac{\partial M_1}{\partial x_1}+\frac{\partial M_{21}}{\partial x_2}\right) \tag{6-3}$$

将 Q_1 和 Q_2 的表达式(6-2)、式(6-3)代入式(6-1)，又考虑到 $M_{12}=M_{21}$，可以得到

$$p=-\left(\frac{\partial^2 M_1}{\partial x_1^2}+2\frac{\partial^2 M_{12}}{\partial x_1\partial x_2}+\frac{\partial^2 M_2}{\partial x_2^2}\right) \tag{6-4}$$

膜上的弯矩、扭矩与膜的绕度之间存在以下关系：

$$M_1=\frac{Eh^3}{12(1-v^2)}\left(-\frac{\partial^2\omega}{\partial x_1^2}-v\frac{\partial^2\omega}{\partial x_2^2}\right)$$

$$M_2=\frac{Eh^3}{12(1-v^2)}\left(-\frac{\partial^2\omega}{\partial x_2^2}-v\frac{\partial^2\omega}{\partial x_1^2}\right)$$

$$M_{12}=-\frac{Eh^3(1-v)\partial^2\omega}{12(1-v^2)\partial x_1\partial x_2}$$

将上式代入式(6-4)中可以得到

$$p=\frac{Eh^3}{12(1-v^2)}\left[-\frac{\partial^4\omega}{\partial x_1^4}-2v\frac{\partial^4\omega}{\partial x_1^2\partial x_2^2}-2(1-v)\frac{\partial^4\omega}{\partial x_1^2\partial x_2^2}-\frac{\partial^4\omega}{\partial x_2^4}\right]$$

即

$$p=\frac{Eh^3}{12(1-v^2)}\left[\frac{\partial^4\omega}{\partial x_1^4}+2\frac{\partial^4\omega}{\partial x_1^2\partial x_2^2}+\frac{\partial^4\omega}{\partial x_2^4}\right] \tag{6-5}$$

这就是著名的小挠度薄板理论中的挠曲面双调和微分方程。因为

$$\nabla^2(\nabla^2\omega)=\frac{\partial^2}{\partial x_1^2}\nabla^2\omega+\frac{\partial^2}{\partial x_2}\nabla^2\omega=\frac{\partial^2}{\partial x_1^2}\left(\frac{\partial^2\omega}{\partial x_1^2}+\frac{\partial^2\omega}{\partial x_2^2}\right)$$

$$+\frac{\partial^2}{\partial x_2^2}\left(\frac{\partial^2\omega}{\partial x_1^2}+\frac{\partial^2\omega}{\partial x_2^2}\right)=\frac{\partial^4\omega}{\partial x_1^4}+2\frac{\partial^4\omega}{\partial x_1^2\partial x_2^2}+\frac{\partial^4\omega}{\partial x_2^4}$$

因此挠曲面双调和微分方程可化简为

$$p=-\frac{Eh^3}{12(1-v^2)}\nabla^2\nabla^2\omega=-\frac{Eh^3}{12(1-v^2)}\Delta\Delta\omega \tag{6-6}$$

6.1.1.2 圆形膜的挠度与压力关系

对于承压圆膜,其挠曲面可以表示为

$$\omega(x_1x_2)=C\left(\frac{x_1^2}{a^2}+\frac{x_2^2}{a^2}-1\right)^2 \tag{6-7}$$

式中,C 为待求常数;a 为圆膜的直径。沿圆周$(x_1^2+x_2^2)/a^2=1$ 要满足所需的边界条件:

$$\omega=0 \quad 及 \quad \partial\omega/\partial x_1=\partial\omega/\partial x_2=0$$

将式(6-7)代入挠曲面方程,得到

$$\Delta\Delta\omega=2C[24+8]/a^4=-p12(1-v^2)/Eh^3$$

所以

$$C=\frac{-p12(1-v^2)}{64Eh^3}a^4 \tag{6-8}$$

将 C 表示式(6-8)代入式(6-7),得到

$$\omega = -\frac{3p}{16}\frac{(1-v^2)}{Eh^3}a^4\left(\frac{x_1^2+x_2^2}{a^2}-1\right)^2 = -\frac{3}{16}\frac{p(1-v^2)}{Eh^3}a^4\left[1-\left(\frac{r}{a}\right)^2\right]^2 \tag{6-9}$$

或

$$\omega = -\frac{p}{64D}(a^2-r^2)^2 \tag{6-10}$$

式中,$D = Eh^3/12(1-v^2)$;r 为离圆膜中心的距离。$r=0$ 时 $\omega(r) = -\frac{p}{64D}a^4$;$r_2 = x_1^2 + x_2^2$。

6.1.1.3　电容变化量与压力的关系

设电容型压力传感器由固定极板和弹性可动极板所组成。在压力作用下,弹性极板发生形变,产生了挠度 w 改变了两极之间的距离。设原来平板电容器极间距离为 d_0,离中心为 r 处的极间距离为 $d = d_0 - w = d_0(1-w/d_0)$。考虑 r 与 $r+\mathrm{d}r$ 间的圆环形的极板间的电容 $\mathrm{d}C$:

$$\mathrm{d}C = \varepsilon_r\varepsilon_0\frac{\mathrm{d}s}{d} = \varepsilon_r\varepsilon_0\frac{\mathrm{d}s}{d_0(1-w/d_0)} \tag{6-11}$$

$$\approx \mathrm{d}s\,\varepsilon_r\varepsilon_0(1+\omega/d_0)\frac{1}{d_0}\qquad(\text{当 } \omega \ll \text{摘玠}_0)$$

式中,$\mathrm{d}s = 2\pi r\mathrm{d}r$ 为圆环面积。对整个极板面积 A 积分式(6-11)便可以得到可动极板发生弹性形变后的电容 C:

$$C = \frac{\varepsilon_r\varepsilon_0}{d_0}\iint_A\left(1+\frac{\omega}{d_0}\right)\mathrm{d}s = C_0 + \frac{\varepsilon_r\varepsilon_0}{d_0^2}\iint_A\omega\mathrm{d}s \tag{6-12}$$

将挠度 ω 表示式(6-10)代入式(6-12)可得

$$\Delta C = C - C_0 = \frac{\varepsilon_r\varepsilon_0}{d_0^2}\ \frac{p}{64D}2\pi\int_0^a r\mathrm{d}r(a^2-r^2)^2 \tag{6-13}$$

这里取 ω 与 p 一致的方向为正,即取式(6-10)ω 的负值,求出式(6-13)的积分值,可得

$$\Delta C = \frac{\varepsilon_r\varepsilon_0\pi}{192Dd_0^2}a^6p = Kp \tag{6-14}$$

式中，$K=\dfrac{\varepsilon_r\varepsilon_0\pi a^6}{192Dd_0^2}$，可见电容改变量与压力成正比。正比常数 K 被称为膜片式电容型压力传感器的灵敏度。

$$K=\frac{\varepsilon_r\varepsilon_0\pi a^6}{192d_0^2}\frac{12(1-v^2)}{Eh^3}=\frac{\varepsilon_r\varepsilon_0(1-v^2)\pi}{16E}\frac{a^6}{d_0^2h^3}=K_0\frac{a^6}{d_0^2h^3}$$

式中，$K_0=\dfrac{\varepsilon_r\varepsilon_0(1-v^2)\pi}{16E}$，对硅来说，$v=0.22$，$E=10.67\times10^6\text{N/cm}^2$，则 $K_0=0.155\times10^{-22}\text{F}\cdot\text{m/N}$。

当弹性圆膜的尺寸 $a=4\text{mm}$，$h=0.2\text{mm}$，两极板间距 $d_0=0.1\text{mm}$ 时，

$$K=K_0\frac{0.4^6}{0.01^2\times0.022^3}=0.155\times10^{-20}\times3.8\times10^6$$
$$=5.96\times10^{-15}\text{F}\cdot\text{cm}^2/\text{N}$$

6.1.2 测定方法

利用式(6-14)电容型压力传感器的电容改变量与压力 p 的关系，测量 ΔC 便可测定压力 p。ΔC 的测定方法很多。这里仅介绍交流惠斯顿电桥法。图 6-2a 适用于差压传感器；图 6-2b 适用于绝对压力传感器。图中箭头所示表示电容值随压力增加变化的

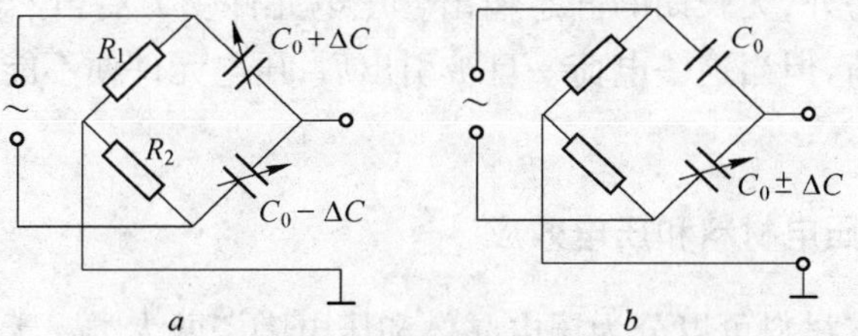

图 6-2 交流惠斯顿电桥法测量电容改变值
a—压力传感器；b—绝对压力传感器

方向。C_0 为固定电容。当 $p=0$ 时，可变测量电容 $C=C_0$。固定电容 C_0 和可变测量电容 C 有相同的极板距离和极板面积。可变测

量电容 C 的一个极板就是用腐蚀法制备出的硅弹性膜。固定电板容 C_0 一般设计在可变测量电容的邻近。

6.2　压电型压力传感器

利用压电材料制成的压力传感器相对于扩散硅压阻型压力传感器来说有突出的优点:(1)一般用 p－n 结隔离的电阻只能使用在 80℃以下温度。质量较好的压力传感器可使用到 120～150℃,而压电型压力传感器可使用到 250℃以上,甚至可用于燃烧废气压力或流量测量;(2)压电型压力传感器有很高的固有频率和低的噪声,因此频率相应快。另外灵敏度高,可以用于测量快的压力变化。例如可测量爆炸时的冲击波压力、瞬间的压力峰值,适用于动力学测量;因为尺寸小和宽的频率相应,还可用于制作扬声器以及制作频率响应从 1～200kHz 的加速度传感器;(3)压电式压力传感器是一种发电式的传感器,不需要外加电源。通过对其压电效应所产生的电荷或电压的放大测量可以直接转换成压力、加速度、机械冲击和振动等物理量。避免使用外加电源时而带来的噪声的影响。

压电转换元件的主要缺点是要求有很高的电输出阻抗,需要使用低电容、低噪声电缆。这是因为杂散电容能使输出信号短路接地。另外,无长期的静态输出。压电元件受力后虽然可产生一定的电荷,但当这一电荷一旦被引出后,压电元件便不能继续产生电荷。

6.2.1　压电材料和压电效应

压电材料可以分为压电晶体和压电陶瓷两大类。天然和人工石英晶体属于压电晶体。一些铁电单晶[如铌酸锂($LiNbO_3$),钽酸锂($LiTaO_3$),$BaTiO_3$]极化同向时也是压电晶体。

压电陶瓷是一种极化处理后的人工多晶铁电体。$BaTiO_3$ 陶瓷由无数个单晶所组成。在居里点以下时具有正方晶体结构，即使不加应力每一个单晶中就存在若干个电畴，每个电畴是自发极化一致的小区域。无数单晶任意无规则排列，致使原始的压电陶瓷呈现各向同性而不具压电性质。在一定温度下对压电陶瓷施加强电场（20～30kV/cm），经2～3h后，迫使各电畴的极化方向都趋于电场的方向。外电场去除后，电畴的极化方向基本保持不变，形成很强的剩余极化，从而呈现出压电性。

石英晶体的压电性质与其内部结构有关，分子式为 SiO_2。硅离子带有4个正电荷，氧离子带有2个负电荷。离子或离子对的重心称为结点，结点构成空间点阵。石英晶体的结晶学原胞为一个菱面体，属于三角晶系。石英晶体中将正、负离子重心沿菱面体的体对角线 x_3 轴（称为光轴）投影到 x_1，x_2 平面上可得到图6-3所示的六边形排列。图中"+"代表Si的重心；"−"代表2个 O^{2-} 的重心。在不受应力情况下，正、负离子间

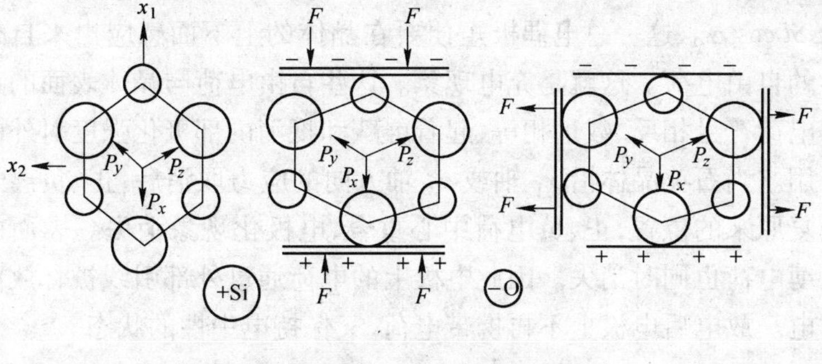

图6-3 石英晶体压电效应示意图

形成三个大小相等、互成120°角的电偶极矩 $\boldsymbol{P}_x$，$\boldsymbol{P}_y$，$\boldsymbol{P}_z$ 如图6-3中矢量所示。每一电偶极矩的方向为负电荷中心指向正电荷中心，其大小为 $P = ql$。l 为正、负电荷中心之间的距离；q 为等量的正、负电荷量。此时不仅总电荷量为零，而且正、负电荷中心重合。总电偶极矩为零，即 $\boldsymbol{P} = \boldsymbol{P}_x + \boldsymbol{P}_y + \boldsymbol{P}_z = \boldsymbol{P}_1 = \boldsymbol{P}_2 = 0$，$\boldsymbol{P}_3 = 0$。因此石英晶体整体呈电中性，而且内部不呈现任何

极化。

当石英晶体受到沿 x_1 轴(称为电轴)方向的应力而产生压缩形变时,正六边形发生变形,即正、负离子发生相对移动。结果 P_x 变小,P_y 和 P_z 变大,总电偶极矩 $\boldsymbol{P}=\boldsymbol{P}_x+\boldsymbol{P}_y+\boldsymbol{P}_z=\boldsymbol{P}_1>0,\boldsymbol{P}_2=\boldsymbol{P}_3=0$。也就是说,晶体在 x_1 方向出现极化。

当石英晶体受到沿 x_2 轴(称为机械轴)方向的拉伸应力时由图 6-3 可见,$\boldsymbol{P}=\boldsymbol{P}_x+\boldsymbol{P}_y+\boldsymbol{P}_z=\boldsymbol{P}_1>0$,而 $\boldsymbol{P}_2=\boldsymbol{P}_3=0$。

单位体积中全部电偶极矩 $\boldsymbol{p}$ 的矢量和称为极化强度 $\boldsymbol{P}$:

$$\boldsymbol{P} = \sum \boldsymbol{p}/\Delta V \tag{6-15}$$

当极化强度 $\boldsymbol{P}$ 不为零时,则在晶体表面沿 $\boldsymbol{P}$ 的外法线方向产生束缚面电荷。如图 6-4 所示的斜柱体代表晶体中面积为 ΔS 的上下表面间的一个柱体。斜柱体的体积 $\Delta V=\Delta SL\cos\alpha=\Delta S\cdot L\cdot n$。$\alpha$ 为底面 ΔS 的法向与斜柱体轴线的夹角。设该斜柱体的极化强度矢量 $\boldsymbol{P}$ 沿该斜柱体的轴线,则斜柱体的总电偶极矩 $p_{\mathrm{v}}=P\Delta V=P\Delta SL\cos\alpha$。这一总电偶极矩便要在晶体的上下面感应出来自外界的自由电荷。这就是充电现象。这些自由电荷与晶体表面的束缚电荷符号相反、数量相等,起着屏蔽和抵消内部极化强度对外的作用。当石英晶体沿 x_1 轴或 x_2 轴方向的应力取消后,正、负离子恢复原来的位置,正、负电荷中心重合,电极化现象消失。表面的束缚电荷也同时消失。因此电极上的电荷通过外部引线被释放而放电。放电后电极上不再携带电荷,又保持电中性的状态。

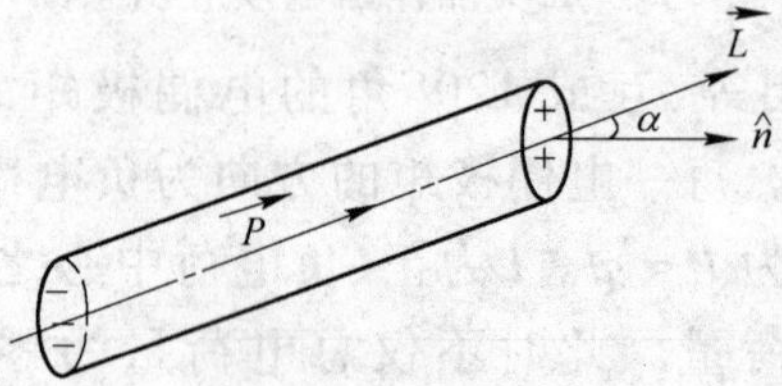

图 6-4　沿极化强度矢量 $\boldsymbol{P}$ 的一斜柱体

$BaTiO_3$ 属于铁电体晶体。在居里点 T_c 以下时，由高温的非极化态转化为极化态。前者为立方晶系，Ba^{2+} 离子位于立方体的顶角，O^{2-} 离子位于面心，Ti^{4+} 离子位于体心。后者为正方晶系，Ba^{2+} 和 Ti^{4+} 离子相对 O^{2-} 离子发生位移。由此产生电偶极矩，称为自发极化，因此有自发极化强度 P_0。在应力作用下，使正、负离子相对位移增加，极化强度改变 ΔP，即产生压电极化强度。

在电场作用下，电介质晶体中，正、负离子分别沿电场的正、反方向移动，从而在晶体的上下表面分别感应出束缚面电荷 $+\sigma$ 和 $-\sigma_0$，这一正、负电荷所产生的电偶极矩 $\boldsymbol{P}_s$ 为：

$$\boldsymbol{P}_s = \sigma \Delta SL$$

因为 $\boldsymbol{P}_v = \boldsymbol{P}_s$，故有 $P\Delta S\cos\alpha \boldsymbol{L} = \sigma \Delta S\boldsymbol{L}$

所以表面束缚电荷面密度 σ：

$$\sigma = P\cos\alpha = \boldsymbol{P} \cdot \hat{n} = \boldsymbol{P}_n \tag{6-16}$$

式中，P_n 是极化强度矢量沿表面 ΔS 的外法向的分量。在图 6-4 所示斜柱体右上方表面上，α 小于 $\pi/2$，$\cos\alpha$ 大于 0，所以 σ 大于 0，表面出现正束缚电荷。

可见，当石英晶体在 x_1 方向受压缩时，$P = P_1$ 大于 0，在 x_1 轴的垂直两侧表面上分别出现正、负束缚面电荷，称为纵向压电效应。当石英晶体在 x_2 方向上受压缩时 $P = P_1$ 小于 0，在 x_1 轴的垂直两侧表面也分别出现负、正束缚面电荷，称为横向压电效应。因此称 x_1 轴为电轴，称 x_2 轴为机械轴。

在各向同性介质中，极化强度矢量 $\boldsymbol{P}$：

$$\boldsymbol{P} = \sum \boldsymbol{p}/\Delta V = x\varepsilon_0 \boldsymbol{E} \tag{6-17}$$

通常引入电位移矢量 $\boldsymbol{D}$。其定义为

$$\boldsymbol{D} = \varepsilon_0 \boldsymbol{E} + \boldsymbol{P} \tag{6-18}$$

代入式(6-17)可得

$$\boldsymbol{D} = \varepsilon_0 (1 + x)\boldsymbol{E} = \varepsilon_0 \varepsilon_r \boldsymbol{E} = \varepsilon \boldsymbol{E} \tag{6-19}$$

式中，$\varepsilon_r = 1 + x$ 为介质的相对介电常数；$\varepsilon = \varepsilon_0 \varepsilon_r$。这样电位移矢

量中不仅包含电场强度还包含电介质极化强度的影响,使问题简化。

6.2.2 压电方程与压电系数

晶体中的极化强度 P 可以包括自发极化强度 P_0、应力引起的压电极化强度 P_x 和晶体中合成电场引起的极化强度 P_E。因此在各向同性介质中电位移矢量 $\boldsymbol{D}$ 可表示为

$$\begin{aligned}\boldsymbol{D} &= \boldsymbol{P} + \varepsilon_0\boldsymbol{E} = \boldsymbol{P}_0 + \boldsymbol{P}_X + \boldsymbol{P}_E + \varepsilon_0\boldsymbol{E} = \boldsymbol{P}_0 + \boldsymbol{P}_X + \chi\varepsilon_0\boldsymbol{E} + \varepsilon_0\boldsymbol{E} \\ &= \boldsymbol{P}_0 + \boldsymbol{P}_X + \varepsilon\boldsymbol{E}\end{aligned} \tag{6-20}$$

在一维情况下,上式可以改写为

$$D = P_0 + \left(\frac{\partial D}{\partial X}\right)_E X + \left(\frac{\partial D}{\partial E}\right)_X E = P_0 + dX + \varepsilon E \tag{6-21}$$

式中,X 为应力;$d = (\partial D/\partial X)_E$ 被称为压电系数或压电常数;$\varepsilon = (\partial D/\partial E)_X$ 为晶体的介电常数。

式(6-21)是对压电现象的数学描述。由应力引起晶体极化,从而也出现表面电荷,实质上是将机械能转化为电能。还有一个与压电效应相反的现象,即在极化方向上施加电压时,压电晶体将在电场作用下发生形变。这种将电能转换为机械能的现象被称为逆压电效应。这是能量守恒的必然结果。

同样,在一维情况下可以将应变 e 表示为

$$e = \left(\frac{\partial e}{\partial X}\right)_E X + \left(\frac{\partial e}{\partial E}\right)_X E = SX + dE \tag{6-22}$$

式中,前一项是应变 e 与应力 X 的关系;S 是弹性顺服系数;后一项是逆压电效应。式(6-21)和式(6-22)中的$(\partial D/\partial X)_E = (\partial e/\partial E)_X = d$(压电系数)。这可由能量守恒得出。机械能 $U_m = \frac{1}{2}eX$,静电能 $U_E = \frac{1}{2}DE = \frac{1}{2}\varepsilon E^2$,$U_M = U_E$。

$$U_M = \left(\frac{\partial U_M}{\partial X}\right)_E X = \left(\frac{\partial U_E}{\partial X}\right)_E X = \frac{1}{2}\left(\frac{\partial DE}{\partial X}\right)_E X = \frac{1}{2}EX\left(\frac{\partial D}{\partial X}\right)_E$$

$$U_E=\left(\frac{\partial U_{\rm E}}{\partial E}\right)_X E=\left(\frac{\partial U_{\rm M}}{\partial E}\right)_X E=\frac{1}{2}\left(\frac{\partial eX}{\partial E}\right)_X E=\frac{1}{2}XE\left(\frac{\partial e}{\partial E}\right)_X$$

由 $U_M=U_E$，两式相等可得到

$$(\partial D/\partial X)_E=(\partial e/\partial E)_X=d \tag{6-23}$$

当晶体具有各向异性情况下，其物理性质也表现为各向异性。因此式(6-22)、式(6-21)应改写为

$$\begin{aligned} e_{jk} &= S_{jklm}X_{lm}+d_{jki}E_i \qquad i,j,k,l,m=1,2,3 \\ D_i &= P_{0i}+d_{ijk}X_{jk}+\varepsilon_{ij}E_j \qquad (\text{重复指标求和}) \end{aligned} \tag{6-24}$$

式中，ε_{ij}为介电张量，

$$\varepsilon_{ij}=\varepsilon_0(\delta_{ij}+\chi_{ij})$$

χ_{ij}为各向异性电极化系数张量。

将应力张量 X_{lm}和应变张量 e_{jk}的二角标分别压缩为一个角标 X_k 和 e_J 后，式(6-24)又简化为

$$\begin{aligned} e_J &= S_{Jk}X_k+d_{Ji}E_i \qquad i,j=1,2,3 \\ D_i &= P_{0i}+d_{iJ}X_J+\varepsilon_{ij}E_j \qquad J,k=1,2,3,4,5,6\,(\text{重复指标求和}) \end{aligned} \tag{6-25}$$

式中，$d_{iJ}=\partial D_i/\partial X_J$，$d_{Ji}=\partial e_J/\partial E_i$，$d_{iJ}=d_{Ji}$。

当晶体无原始自发极化强度 $P_0=0$ 时，如石英晶体，则式(6-25)又简化为

$$\begin{aligned} e_J &= S_{Jk}X_k+d_{Ji}E_i \qquad i,j=1,2,3\,(\text{重复指标求和}) \\ D_i &= d_{iJ}X_J+\varepsilon_{ij}E_j \qquad J,k=1,2,3,4,5,6 \end{aligned} \tag{6-26}$$

式(6-26)的矩阵形式为

$$\begin{aligned} \{e\}_{6\times1} &= [S]_{6\times6}\{X\}_{6\times1}+[d]_{6\times3}\{E\}_{3\times1} \\ \{D\}_{3\times1} &= [d]_{3\times6}\{X\}_{6\times1}+[\varepsilon]_{3\times3}\{E\}_{3\times1} \end{aligned} \tag{6-27}$$

还可将上述两式合并为统一矩阵形式：

$$\begin{Bmatrix} e_1 \\ e_2 \\ e_3 \\ e_4 \\ e_5 \\ e_6 \\ D_1 \\ D_2 \\ D_3 \end{Bmatrix} = \left[\begin{array}{cccccc:ccc} S_{11} & S_{12} & S_{13} & S_{14} & S_{15} & S_{16} & d_{11} & d_{21} & d_{31} \\ S_{21} & S_{22} & S_{23} & S_{24} & S_{25} & S_{26} & d_{12} & d_{22} & d_{32} \\ S_{31} & S_{32} & S_{33} & S_{34} & S_{35} & S_{36} & d_{13} & d_{23} & d_{33} \\ S_{41} & S_{42} & S_{43} & S_{44} & S_{45} & S_{46} & d_{14} & d_{24} & d_{34} \\ S_{51} & S_{52} & S_{53} & S_{54} & S_{55} & S_{56} & d_{15} & d_{25} & d_{35} \\ S_{61} & S_{62} & S_{63} & S_{64} & S_{65} & S_{66} & d_{16} & d_{26} & d_{36} \\ \hdashline d_{11} & d_{12} & d_{13} & d_{14} & d_{15} & d_{16} & \varepsilon_{11} & \varepsilon_{12} & \varepsilon_{13} \\ d_{21} & d_{22} & d_{23} & d_{24} & d_{25} & d_{26} & \varepsilon_{21} & \varepsilon_{22} & \varepsilon_{23} \\ d_{31} & d_{32} & d_{33} & d_{34} & d_{35} & d_{36} & \varepsilon_{31} & \varepsilon_{32} & \varepsilon_{33} \end{array}\right] \begin{Bmatrix} X_1 \\ X_2 \\ X_3 \\ X_4 \\ X_5 \\ X_6 \\ E_1 \\ E_2 \\ E_3 \end{Bmatrix} \tag{6-28}$$

当晶体中$E=0$,仅由应力$\{X\}$引起电极化时

$$D_i = P_i + \varepsilon_{ij}E_j = P_i \qquad i,j = 1,2,3 \text{（重复指标求和）}$$

由式(6-26)或式(6-27)可得到

$$P_i = d_{iJ}X_J \qquad \begin{matrix} i=1,2,3 \\ J=1,2,3,4,5,6 \end{matrix} \qquad \text{（重复指标求和）} \tag{6-29}$$

写成矩阵形式

$$\begin{Bmatrix} P_1 \\ P_2 \\ P_3 \end{Bmatrix} = \begin{bmatrix} d_{11} & d_{12} & d_{13} & d_{14} & d_{15} & d_{16} \\ d_{21} & d_{22} & d_{23} & d_{24} & d_{25} & d_{26} \\ d_{31} & d_{32} & d_{33} & d_{34} & d_{35} & d_{36} \end{bmatrix} \begin{Bmatrix} X_1 \\ X_2 \\ X_3 \\ X_4 \\ X_5 \\ X_6 \end{Bmatrix} \tag{6-30}$$

式(6-29)和式(6-30)被称为压电方程。而当应力为零时式(6-26)变成为

$$e_J = d_{Ji}E_i \qquad \begin{matrix} i=1,2,3 \\ J=1,2,3,4,5,6 \end{matrix} \qquad \text{（重复指标求和）} \tag{6-31}$$

写成矩阵形式

$$\begin{Bmatrix} e_1 \\ e_2 \\ e_3 \\ e_4 \\ e_5 \\ e_6 \end{Bmatrix} = \begin{bmatrix} d_{11} & d_{21} & d_{31} \\ d_{12} & d_{22} & d_{32} \\ d_{13} & d_{23} & d_{33} \\ d_{14} & d_{24} & d_{34} \\ d_{15} & d_{25} & d_{35} \\ d_{16} & d_{26} & d_{36} \end{bmatrix} \begin{Bmatrix} E_1 \\ E_2 \\ E_3 \end{Bmatrix} \tag{6-32}$$

式(6-31)和式(6-32)被称为逆压电方程。

因为晶体表面束缚电荷密度 $\sigma = P_n$(式 6-16),所以式(6-30)也可以写成

$$\begin{Bmatrix} \sigma_1 \\ \sigma_2 \\ \sigma_3 \end{Bmatrix} = \begin{bmatrix} d_{11} & d_{12} & d_{13} & d_{14} & d_{15} & d_{16} \\ d_{21} & d_{22} & d_{23} & d_{24} & d_{25} & d_{26} \\ d_{31} & d_{32} & d_{33} & d_{34} & d_{35} & d_{36} \end{bmatrix} \begin{Bmatrix} X_1 \\ X_2 \\ X_3 \\ X_4 \\ X_5 \\ X_6 \end{Bmatrix} \tag{6-33}$$

式中,σ_1、σ_2、σ_3 分别为与 x_1、x_2、x_3 轴垂直的晶体表面上产生的束缚电荷密度(同时有电极上的等量相反的自由电荷)。这样压电材料的压电特性(正向或逆向压电效应)便可用它的压电系数矩阵表示。压电系数又与晶体结构的对称性密切相关。前面已提到,在石英晶体的 x_1 轴方向施加压应力时,在该方向产生极化,即极化强度 $P = P_x + P_y + P_z = P_1$,或 $P_1 = (P_y + P_z)\cos\alpha - P_x < 0$,α 为 P_y,P_z 与 x_1 轴的夹角。x_2 和 x_3 方向极化强度仍为零(见图 6-5)。当晶体受 x_2 轴方向的张应力时,P_x 减小,P_y 和 P_z 增大,极化强度 $P = P_x + P_y + P_z = P_1$,即 $P_1 = (P_y + P_z)\cos\alpha - P_x < 0$。当压应力 X_1 与张应力 X_2 大小相同时,即 $X_1 = -X_2$,晶体的形变是等价的(石英晶体的弹性顺服系数 $S_{11} = S_{22}$,$S_{12} = S_{21}$),因此 α 角相同。故 $d_{11} = -d_{12} > 0$,而 $d_{22} = d_{32} = 0$。

当晶体受到应力 X_3 作用时,这种形变不改变 $P_3 = 0$ 的状态,也不改变 $P_1 = P_2 = 0$ 的状态,对压电效应无贡献,故 $d_{13} = d_{23} =$

$d_{33}=0$。

当晶体受切应力 X_4（即 X_{23} 及 X_{32}）时，因 $S_{24}=-S_{14}$，切应变 X_4 使 x_1、x_2 方向有伸缩应变，但符号相反，这种伸缩应变对压电效应有贡献，引起极化强度 P_1 变化，而不改变 $P_2=P_3=0$ 的状态。因此 $d_{14}\neq 0$，而 $d_{24}=d_{34}=0$。

当晶体受切应力 X_5（即 X_{31} 及 X_{13}）时，切应变 e_5 改变 $P_2=0$ 的状态，而不改变 $P_1=P_3=0$ 的状态。因此对压电效应有贡献，故$d_{25}\neq 0$且有 $d_{25}=-d_{14}$及 $d_{15}=d_{35}=0$。

当晶体受切应力 X_6（即 X_{12} 及 X_{21}）时，切应变 e_6 大大改变 $P_2=0$的状态。因此对压电效应有贡献，$d_{26}\neq 0$ 且有 $d_{26}=-2d_{11}$ 及 $d_{16}=\mathrm{d}_{36}=0$。将式(6-28)表示为

$$\begin{Bmatrix} e_J \\ D_j \end{Bmatrix}=\begin{bmatrix} S_{JK} & d_{Ji} \\ d_{jK} & \varepsilon_{ij} \end{bmatrix}\begin{Bmatrix} X_K \\ E_i \end{Bmatrix}\quad \begin{matrix} i,j=1,2,3 \\ J,K=1,2,3,4,5,6 \\ \text{(重复指标求和)} \end{matrix} \tag{6-34}$$

依据上述讨论可以写出属于三角晶系的石英晶体的弹性顺服系数 S、压电系数 d 及介电常数 ε 张量联合矩阵的形式：

$$\begin{bmatrix} S_{JK} & d_{Ji} \\ d_{jK} & \varepsilon_{ij} \end{bmatrix}=$$

$$\left[\begin{array}{cccccc:ccc}
S_{11} & S_{12} & S_{13} & S_{14} & 0 & 0 & d_{11} & 0 & 0 \\
S_{12} & S_{11} & S_{13} & -S_{14} & 0 & 0 & -d_{11} & 0 & 0 \\
S_{13} & S_{13} & S_{33} & 0 & 0 & 0 & 0 & 0 & 0 \\
S_{14} & -S_{14} & 0 & S_{44} & 0 & 0 & d_{14} & 0 & 0 \\
0 & 0 & 0 & 0 & S_{44} & 2S_{14} & 0 & -d_{14} & 0 \\
0 & 0 & 0 & 0 & 2S_{14} & 2(S_{11}-S_{12}) & 0 & -2d_{11} & 0 \\
\hdashline
d_{11} & -d_{11} & 0 & d_{14} & 0 & 0 & \varepsilon_{11} & 0 & 0 \\
0 & 0 & 0 & 0 & -d_{14} & -2d_{11} & 0 & \varepsilon_{11} & 0 \\
0 & 0 & 0 & 0 & 0 & 0 & 0 & 0 & \varepsilon_{33}
\end{array}\right] \tag{6-35}$$

可以看出压电系数矩阵 d_{ij} 的形式与弹性顺服系数矩阵 S_{JK} 的形式密切相关,取决于晶体结构的对称性。石英晶体及其他压电材料的压电系数见表6-1。

表6-1 若干压电材料的弹性顺服系数及压电系数

常数	单位	1	2	3	4	5	6	7	8
		SiO_2	$LiNbO_3$	$LiTaO_3$	TeO_3	PZT－5A	ZnO	$Bi_{12}GeO_{20}$	GaAs
S_{11}^E	pm^2/N	12.77	5.78	4.87	115	16.4	7.86	9.9	12.64
S_{33}^E		9.60	5.02	4.36	10.3	18.8	6.94		
S_{12}^E		－1.79	－1.01	－0.58	－104.8	－5.74	－3.43	－2.43	－4.234
S_{13}^E		－1.22	－1.47	－1.25	－2.11	－7.72	－2.206		
S_{44}^E		20.04	17.0	10.8	37.7	47.5	23.57	40.0	18.6
S_{14}^E		4.50	－1.02	0.64					
S_{66}^E					15.2				
d_{11}	pC/N	2.31							
d_{14}		－0.723			8.13			28	2.6
d_{15}			68	26		584	－11.34		
d_{22}			21	7					
d_{31}			－1	－2		－171	－5.43		
d_{33}			6	8		374	11.67		
$\varepsilon_{11}/\varepsilon_0$		4.52	84	51	22.9	1730	9.16	40	12.5
$\varepsilon_{33}/\varepsilon_0$		4.68	30	45	24.7	1700	12.64		
p_m	g/cm^3	2.65	4.65	7.46	6.00	7.75	5.68	9.20	5.31
晶系类		三角 (32)	三角 (3m)	三角 (3m)	四方 (42)	六方 (6/m)	六方 (6mm)	立方 (23m)	立方 (43m)

6.2.3 表面电荷的计算

表面电荷是指压电材料上的表面束缚电荷 σ_s 或感应出的电

极上等量异号电荷 σ'_s。前面已经指出表面束缚电荷等于晶体的极化强度矢量 $\boldsymbol{P}$ 与表面外法向单位矢量 $\hat{n}$ 的乘积：

$$\sigma_s = P \cdot \hat{n} = P_n$$

当晶体沿 x_1, x_2, x_3 轴切割时，所切面分别与它们相垂直。因此晶体的表面电荷由式(6-33)决定。当晶片受到 x_1 方向的压缩应力 x_1 作用时，晶片在 x_1 方向产生压缩变形。在垂直 x_1 轴的表面产生电荷密度 σ_1：

$$\sigma_1 = d_{11}x_1 = d_{11}\frac{F_1}{l_1 w_1} = d_{11}\frac{Pl_1 w_1}{l_1 w_1} = d_{11}P$$

式中，F_1 是晶体因受到流体压力 P 而沿 x_1 方向所施加的力，晶片的长和宽分别为 l_1 和 w_1，该面上总电荷 Q_1：

$$Q_1 = \sigma_1 l_1 w_1 = d_{11}PS_1$$

式中，S_1 为晶体受压面积。可见表面电荷密度与压力 P 成正比，与受压面积大小无关。总表面电荷与总力成正比，晶片受压面积越大，总表面电荷越多。

当晶体因受压力 P 而沿 x_2 轴(机械轴)方向产生应力 X_2 时，只在垂直 x_1 轴(电轴)的面上产生表面电荷，$\sigma_1 = d_{12}X_2 = -d_{11}X_2$。总面电荷 $Q_1 = \sigma_1 l_1 w_1 = -d_{11}X_2 l_2 w_1 = -d_{11}(F_2/l_2 w_2) l_1 w_1 = -d_{11}PS_1$。总面电荷与平行 x_2 轴方向的压力 P 成正比且与垂直 x_1 轴方向的晶片面积 S_1 成正比，而与垂直 x_2 轴方向的晶片受压面积 S_2 无关。可见，晶片受到沿电轴与机械轴方向的压力时，产生总电荷的行为是不一样的。

实际应用时，往往将压电晶体切成一定厚度(宽 l，高 w，厚 t)的矩形片。切片的棱相对于主晶轴 x_1, x_2, x_3(电，机械，光轴)有一定的转角。切型用$(x, y, l, t, w)\phi, \theta, \psi$ 来表示。这是 IRE 标准所规定的表示方法。其意义如下：x 为厚度 t 切面的垂直取向，y 为沿长度 l 的取向，z 为沿高 w 的取向。称这样的切割的取向为 x 切型。先将这种切型的晶片的 x, y, z 方向与主晶 x_1, x_2, x_3 相重合。然后分别顺序绕棱 l, t, w 逆时针转 ϕ, θ, ψ 角形成切片相对于主晶轴坐标的空间取向，如图 6-5 所示。转动过程可以分为三个步骤：

(1)第一步绕 l 棱线(即 x_2 轴)转 ϕ 角，l 棱与 x_2 轴仍保持重合。t 棱线和 w 棱线分别被转动到 x' 和 z' 位置。转角 φ 已经在图中表明。

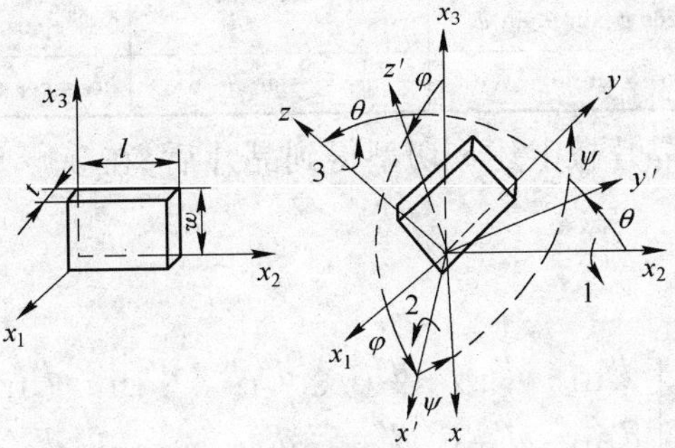

图 6-5　x 切型晶片转动过程示意图

(2)第二步绕 t 棱线(即现在的 x' 轴)转动 θ 角，t 棱与 x' 轴仍保持重合。l 棱和 t 棱分别由 x_2 轴和 z' 轴位置转动到 y' 轴和 z 轴位置。转角 θ 也在图中标明。

(3)第三步绕 w 棱转动 ψ 角，w 棱和 z 轴仍保持重合。t 棱和 l 棱分别由 x' 轴和 y' 轴转动到 x 和 y 轴位置。

经过三个步骤转动后，最终切片的 l,t,w 棱线分别与坐标轴 x,y,z 相重合。压电型压力传感器中一般使用厚度为 t 的切片，切面的法向与 t 棱线平行，也就是坐标轴 x 的方向。计算切面受应力时所产生的面电荷必须首先求出坐标轴 x,y,z 相对于主晶轴 x_1,x_2,x_3 的方向余弦。表 6-2 中示出 x 轴相对于主晶轴 x_1,x_2,x_3 的方向余弦。

表 6-2　x 切型坐标轴 x,y,z 相对于主晶轴的方向余弦

坐标轴	主晶轴		
	x_1	x_2	x_3
x	$l_1=\cos\phi\cos\psi+\sin\phi\sin\theta\sin\psi$	$m_1=\sin\psi\ \mathrm{con}\ \theta$	$n_1=\cos\phi\sin\theta\sin\psi-\cos\psi\sin\phi$

续表 6-2

坐标轴	主晶轴		
	x_1	x_2	x_3
y	$l_2=-\sin\psi\cos\phi+\cos\psi\sin\theta\sin\phi$	$m_2=\cos\psi\cos\theta$	$n_2=\sin\psi\sin\phi+\cos\psi\sin\theta\cos\phi$
z	$l_3=\cos\theta\sin\phi$	$m_3=-\sin\theta$	$n_3=\cos\theta\cos\phi$

当石英晶片按上述 x 切型得到晶片后，在 x,y,z 坐标中的压电方程为：

$$\begin{Bmatrix}\sigma_x\\ \sigma_y\\ \sigma_z\end{Bmatrix}=\begin{bmatrix}d'_{111} & d'_{122} & d'_{133} & d'_{123} & d'_{131} & d'_{112}\\ d'_{211} & d'_{222} & d'_{233} & d'_{223} & d'_{231} & d'_{212}\\ d'_{311} & d'_{322} & d'_{333} & d'_{323} & d'_{331} & d'_{312}\end{bmatrix}\begin{Bmatrix}X_{xx}\\ X_{yy}\\ X_{zz}\\ X_{yz}\\ X_{zx}\\ X_{xy}\end{Bmatrix} \tag{6-36}$$

式中，压电系数 d'_{ijk} 按下式计算：

$$d'_{ijk}=T_{il}T_{jm}T_{kn}d_{lmn}\quad（重复指标求和）$$

$$\boldsymbol{T}=\begin{pmatrix}l_1m_1n_1\\ l_2m_2n_2\\ l_3m_3n_3\end{pmatrix}$$

式中，$\boldsymbol{T}$ 为 x,y,z 与主晶轴 x_1,x_2,x_3 间的坐标变换矩阵。$l_1,m_1,\cdots,m_3,n_3$ 为它们之间的方向余弦。

对于 x 切型晶片的压电型压力传感器，只在 x 方向承受压力。这是单轴应力，只有 X_{xx}，而 X_{yy},X_{zz} 应力为零，其余切应力也为零。于是式(6-36)又可进一步简化为

$$\begin{Bmatrix}\sigma_x\\ \sigma_y\\ \sigma_z\end{Bmatrix}=\begin{bmatrix}d'_{111}\\ d'_{211}\\ d'_{311}\end{bmatrix}\{X_{xx}\} \tag{6-37}$$

如果只考虑垂直 x 轴的切面的表面电荷，则

$$\sigma_x = d'_{111} X_{xx}$$

式中，
$$\begin{aligned} d'_{111} &= T_{11}T_{11}T_{11}d_{111} + T_{11}T_{12}T_{12}d_{122} + T_{11}T_{12}T_{13}d_{123} \\ &\quad + T_{12}T_{13}T_{11}d_{231} + T_{12}T_{11}T_{12}d_{212} \\ &= l_1^3 d_{111} + l_1 m_1^2 d_{122} + l_1 m_1 n_1 d_{123} + m_1 n_1 l_1 d_{231} \\ &\quad + m_1^2 l_1 d_{212} \end{aligned}$$

因为石英晶体的主晶轴系压电系数总共只有 5 个，其余全为零，且 $d_{111} = -d_{122} = 2.31 \times 10^{-12}$ C/N，$d_{212} = -2d_{111} = -4.62 \times 10^{-12}$ C/N，$d_{123} = -d_{231} = 0.723 \times 10^{-12}$ C/N。所以

$$d'_{111} = (l_1^3 - l_1 m_1^2 - 2m_1^2 l_1) d_{111} \tag{6-38}$$

假如石英的切型为（$xyltw$）40°/30°/15°，则由表 6－2 得 X 轴与各主晶轴的方向余弦：

$$l_1 = 0.823, m_1 = 0.224, n_1 = -0.522$$

按式（6-38）计算得到 $d'_{111} = 0.4074 d_{111} = 0.941 \times 10^{-12}$ C/N。当作用于切片上的压力为 1MPa 时，切片表面电荷密度为

$$\begin{aligned} \sigma_x &= 0.941 \times 10^{-12}\,\text{C/N} \times 10^2\,\text{N/cm}^2 \\ &= 0.941 \times 10^{-10}\,\text{C/cm}^2 \end{aligned}$$

6.2.4 压电型压力传感器的电荷测量

由上分析可知，压电型压力传感器实质上是一个电荷发生器。它将机械能转换成电能。压电片表面敷有电极。这样又可将压电型压力传感器视为有源电容器，其绝缘电阻 $R_c \gg 10^{10}\,\Omega$，其电容值 C_a：

$$C_a = \varepsilon_0 \varepsilon_r S/t$$

式中，S 是极板极化面积；t 为压电晶片厚度。

开路状态下，电容器极板上的电压 U_a 为

$$U_a = Q/C_a$$

极板上总电荷与压力及其垂直方向的纵向压电系数 d'_{11} 有关：

$$Q = d'_{11} PS \tag{6-39}$$

所以　　$U_a = d'_{11}PS/C_a = d'_{11}Pt/\varepsilon_0\varepsilon_r$　　(6-40)

对压电器件来说，既可通过总电荷测量，也可通过电压 U_a 测量来检测被测力学量。由式(6-40)可见，测量总电荷量时希望有大的极板面积，而且晶片应并联连接以增大总电荷量。测量电压时希望有大的晶片厚度，晶片应串联连接。

压电型压力传感器一般采用电荷型放大器来检测总表面电荷。其特点是低频特性好，频率下限可达 $10^{-1} \sim 10^{-4}$ Hz（准静态），而且不受电缆的分布电容的影响，从而提高了测量精度。

图 6-6 示出压电型压力传感器的等效电路及电荷型放大器。图左端将压电型压力传感器视为与电容 C_a 并联的电荷源。R_a 为其内部的泄漏电阻。C_c 为电缆的分布电容。图中电缆（虚线）右端为前置电荷放大器。这是一负反馈积分放大器，通常被称为电荷变换级。积分运算放大器的两输入端电流 I_1 很小，被视为虚断。又反馈电阻 $R_f = 10^{10} \sim 10^{14}\,\Omega$，流过 R_f 的电流很小。因此流过反馈电容 C_f 的电流 I_{cf} 与流过 R_1 的电流可视为相等。另外，运算放大器的反相输入端被视为“虚地点”。因此输出电压 U_0 等于反馈电容 C_f 两端的电压。即有

$$U_0 = -\frac{1}{C_f}\int_{t_0}^{t} I_{cf}\,\mathrm{d}t + U_{cf}\big|_{t_0}$$

当 $t_0 = 0$ 时，$U_{cf} = 0$。则

$$U_0 = -\frac{1}{C_f}\int_{t_0}^{t} I_{cf}\,\mathrm{d}t \qquad (6\text{-}41)$$

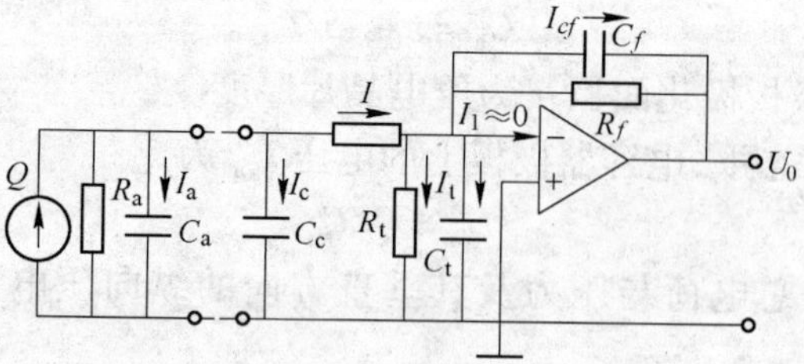

图 6-6　压电型压力传感器的等效电路及其电荷型放大器

电荷源的电荷全部充入回路电容 $C(C = C_a + C_c + C_t)$ 和反馈电容 C_f。当 $C_f \gg C$ 时，即 I_a，I_c 和 I_t 充电电流很小，在理想情况下电荷源 Q 发出的充电电流 I 便全部充入反馈电容 C_f，即 $I_{cf} = I$。于是代入式(6-41)可得

$$U_0 = -\frac{1}{C_f}\int_{t_0}^{t} i\mathrm{d}t$$

t 很大时 $\int_{t_0}^{t} i\mathrm{d}t = Q$

所以
$$U_0 = -Q/C_f \tag{6-42}$$

由上式可以看出，电荷放大器输出电压 U_0 和输入电荷量 Q 及反馈电容 C_f 有关。Q 越大，C_f 越小，则输出电压 U_0 越高。因此对回路电容要求更小了。只要 C_f 恒定，就可实现输出电压与输入电荷成正比，两者相差 180°。将总电荷 $Q = d'_{11} PS$ 代入式(6-42)可得单位输入压力产生的输出电压，即压力传感器的压力灵敏度 S_p：

$$S_p = -d'_{11} S/C_f$$

可见压力灵敏度与反馈电容 C_f 成反比，与压电材料切型方向的压电系数 d'_{11} 和晶片的面积成正比。

6.2.5 压电型压力传感器的结构及其特点

图 6-7 示出压电型压力传感器的基本结构。压电元件是由数对石英叠片组成。拉紧的薄壁圆筒对晶片提供预载力，用弹性膜片感受外部压力并传给薄壁圆筒。薄壁圆筒的刚度很小。晶片上受的力基本上等于外力。

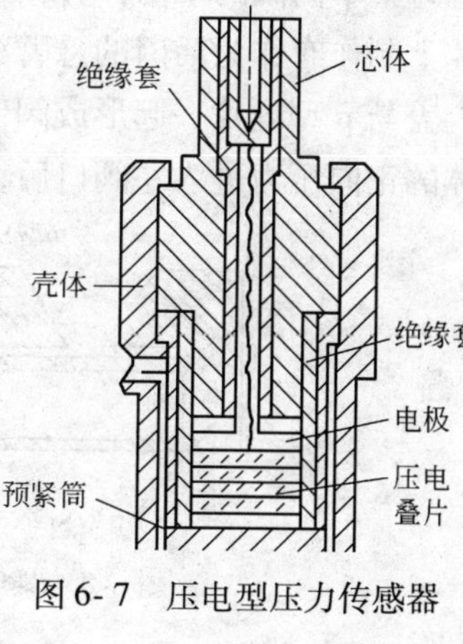

图 6-7 压电型压力传感器

石英晶片的极化面镀覆金属后形成电极。根据极性将晶片按串联或并联方式由引线连至外

部。并联时,将极性相同的电极面连接在一起。输出的总电荷是各片电荷之和,输出的电压则是单片时的电压。串联时,用导电胶将各片不同极性面顺序黏结。端面用金属垫片引出导线。输出的总电荷即为单片的电荷,输出电压是各叠片的电压之和。因此并联时电容大,时间常数大,适用于电荷输出,低频特性好,一般适用于静态压力测量。而串联时的电容小,时间常数小,适用于电压输出,高频特性好,一般适用于瞬态压力测量。

6.3　MEMS 微型阀和微型泵的制作

微型机械的一个分支微型阀和微型泵按其激励方式分类,可将它们分为无激励源、压电式、热激励式、静电式和电磁式等类别。将微型阀、微型泵与硅流量传感器等器件集成在一起,已制成微型流体控制、化学分析和反应器等微型系统装置。

6.3.1　微型阀

微型阀大多由激励源、活门和阀座三部分组成。

6.3.1.1　*无激励源阀*

无源阀可分为悬臂梁单向阀和双扇门型阀两种。图 6-8 是一种悬臂梁单向阀的结构,它由一块 n 型 Si 和一块 p 型 Si 组成,p 型硅片上制作有作为活门的悬臂梁和阀腔座,n 型硅片作为带出入口的上盖与 p 型硅片一起形成阀体。这种阀的工作原理是,当液体或气体的正向压力进入左阀口后,悬臂梁受到压力向下弯曲使流体从

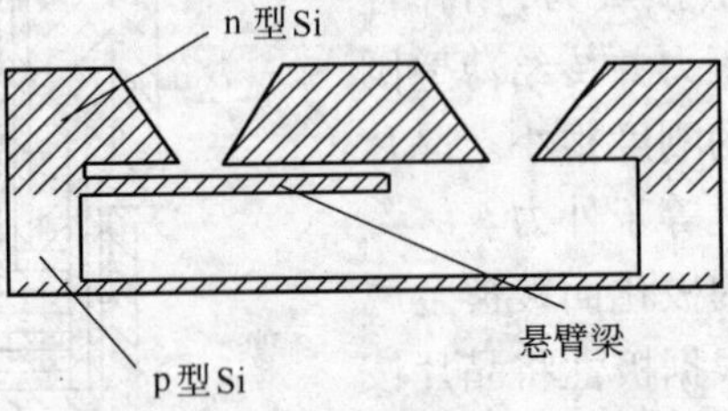

图 6-8　悬壁梁单向阀的结构

右阀口流出，阀呈打开状态。如果流体从右阀口流入，将悬臂梁向上弯曲，直至关闭左阀口，阀呈关闭状态。该阀的加工采用电化学、KOH 蚀刻和各向异性深蚀刻(EDP)等工艺，最后将整块芯片切割成单个阀体。每个阀悬臂梁的尺寸为600μm×300μm×10μm，在一块25.4mm×25.4mm 芯片上可获得 800 个阀。这种阀的主要特点是响应快、尺寸小、死区体积小并可批量生产。

6.3.1.2 热激励阀

热激励阀通常由激励器(加热元件)、变形梁或膜片和阀体等部分组成。利用双金属形变、热膨胀和热传导等原理工作。图 6-9是一种利用双金属片制成的热电阀。双晶悬臂梁是一个由 n 型 Si 外延层、p 型 Si 和金属化 Al 构成加热电阻的三层结构。这种阀的工作原理是：在未通电情况下，流体可直接射到凸形膜片上并产生一个向下的压力，使阀的出口关得更紧；当加热电阻通电后，由于 Si、Al 两种材料的热膨胀系数不同使悬臂梁向下弯曲，将阀的入口加大，流体射入凹形膜片下部产生一个压力又使膜片上凸，从而打开阀门出口使流体涌出。该阀的加工采用化学蚀刻、外延生长、硅片直接键合和阳极化焊接等工艺，外形尺寸为 14.5mm×8.5mm×1.45mm，悬臂梁的工作频率可达 1kHz。

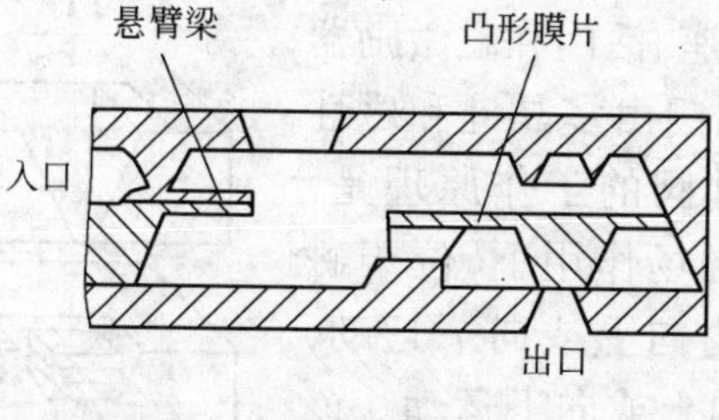

图 6-9 双金属片制成的热电阀

6.3.1.3 静电激励阀

图 6-10 是一种静电膜片阀的结构，它由顶、底导电聚合物壳和一个三层膜片结构组成。顶底壳作为激励电极，膜片由两层聚酰亚胺和放在它们中间的一层金组成。这种阀的工作原理是，当

给激励电极加上电压后，可挠性膜片将根据电压的方向和大小不同，产生凸凹形变，从而使谐振腔内产生相应方向和大小的脉冲电压打开或关闭阀的出入口。该阀的加工采用表面微加工、模压、刻蚀、钻孔和 LIGA 等工艺。膜片的直径 3.3mm、厚 2.5μm。

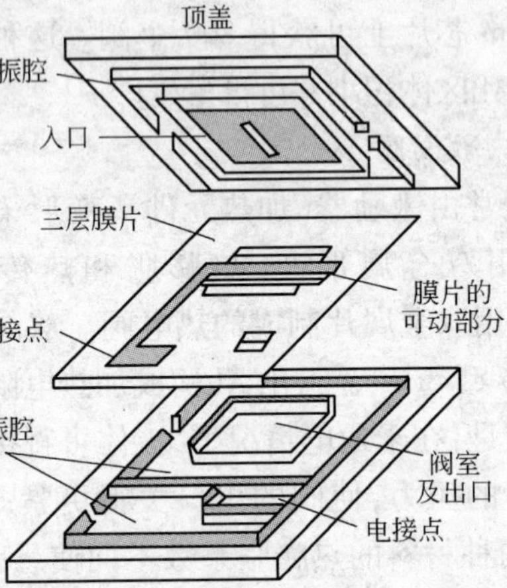

图 6-10　静电膜片阀的结构

6.3.1.4　*磁激励阀*

图 6-11 是一种磁激励阀的结构，它由上下阀座、活门和磁激励器等部分组成。活门由多晶硅和磁性材料构成。这种阀的工作原理是，在激励器产生磁场作用下，位于磁路中的活门受力向上或向下运动，使输入的流体向上或向下运动。该阀的加工采用热氧化、外延生长、刻蚀和 LPCVD 等工艺。活门的尺寸为 40μm×40μm×1μm，阀的总面积小于 100μm×100μm。它的主要特点是尺寸小、驱动力大，并适用于导电液体的输送。

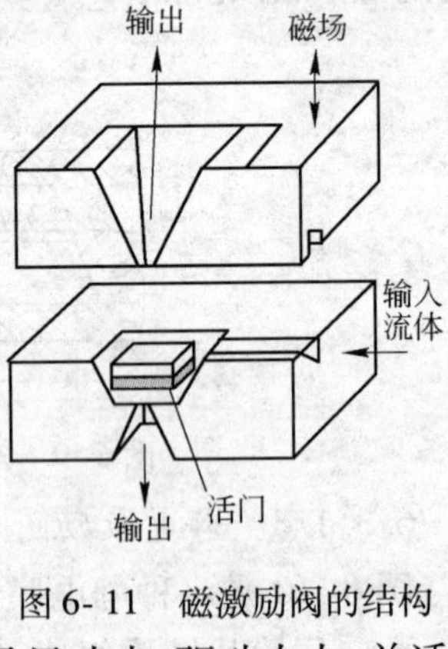

图 6-11　磁激励阀的结构

6.3.2 微型泵

多数微型泵是由两个或多个微型阀、泵座、激励器和敏感膜片(活门或梁)等部分组成。

6.3.2.1 静电激励泵

静电泵可分为膜片泵和电液动态(EHD)泵。图 6-12 是一种静电双向泵的结构,它由激励电极、泵膜片和位于出入口的两个无源阀组成。这种泵的工作原理是:当将幅值为 150 ~ 200V、频率为 0.1 ~ 800Hz 的方形电压加到泵膜片电极上后,受静电力激励,该膜片向上凸变使泵室内产生一个向上的抽力,将入口阀活门吸起使流体流入;如果切断电源,膜片恢复原状产生向下凹变及作用力,将出口阀活门推开使流体流出。该泵的外形尺寸为 7mm × 7mm × 2mm,流量为 850μL/min。

6.3.2.2 压电激励泵

压电泵可分为膜片泵和扩散喷嘴泵两种。图 6-13 是一种典型的压电膜片泵的结构,它由激励器、台面式膜片、两个无源单向阀和泵座等部分组成。这种泵的工作原理是:当给激励器通电后,膜片凸变使泵室内压力增加,将出口阀打开入口阀关闭。室内液体通过出口阀流出;当切断电源后,泵室内压力减小将出口阀关闭入口阀打开,使新液体从入口阀流入。该泵的加工采用各向异性蚀刻、Si—Si 键合等工艺。台面的尺寸为 2mm × 2mm,位移量 5.5μm。激励电压 90V,流量 22nL/min,泵的运行呈脉动状态。

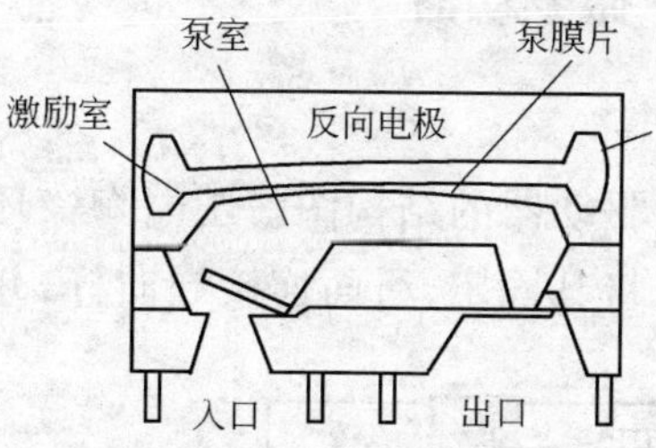

图 6-12 静电双向泵的结构

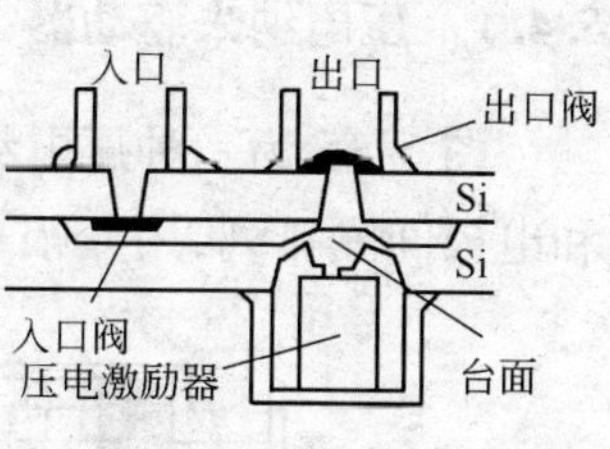

图 6-13 压电膜片泵的结构

6.3.2.3　热电激励泵

图 6-14 是一种热气动(thermopneumatic)泵的结构,它由激励器、谐振腔、方形膜片和其上的加热电阻等部分组成。硅膜片由作为隔热器的四根硅梁支撑起。这种泵的工作原理是:当给加热电阻通电后谐振腔内的空气升温使膜片发生凹变,泵室内压力因此而增加,当它超过出口处压力和出口阀预应力的总和时,出口阀打开;反之,切断电源腔内温度下降使膜片凸变,泵室内压力因此而降低,当它低于入口处压力和入口阀预应力的总和时,入口阀将打开。以一个脉冲电压连续给它通电,泵就会运转起来。该泵的加工采用化学湿蚀刻、光刻、阳极焊接和溅射等工艺,在压力为 5.1kPa、电压为 d.c6V 条件下,流量为 34μL/min。

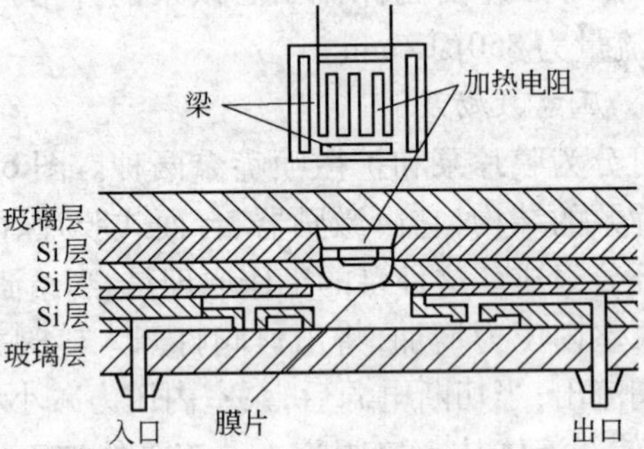

图 6-14　热气动泵的结构

6.4　基于压电原理的 MEMS 微驱动器

6.4.1　压电纳米驱动器

图 6-15 为一种压电纳米步进驱动器的结构图。压电陶瓷环和电极间隔排列,用变幅杆和螺杆将其固定,后面连接导向杆,并

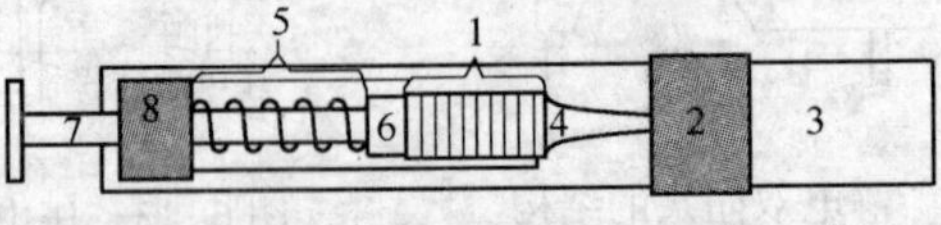

图 6-15　压电纳米步进驱动器结构图

通过轴承套筒固定到导轨上，导向杆上套有弹簧，作为驱动器压电振子驱动结束后驱动器与负载滑块保持接触的跟进部件。变幅杆、压电陶瓷堆、螺杆、导向杆组合在一起称为驱动头，驱动头与负载滑块接触，但只有纵向驱动推力而无切向力的作用；导轨与负载滑块之间的接触面经过处理，一面是金属之间的接触，接触面经过仔细的研磨，并有弯曲的弹性体夹在其间便于调节摩擦力的大小，其余接触面填充聚四氟乙烯以减少摩擦力。通过这些措施使负载滑块与导轨之间的摩擦力保持恒定，当摩擦力小于弹簧弹性推力时，压电驱动器静止。但增加压电陶瓷堆形变产生的形变力，就可以推动负载滑块前移。压电陶瓷堆、变幅杆、螺杆、弹簧、导向杆的重力作用体现在导向杆与固定轴承套筒之间的作用力，并转化为套筒与导向杆的摩擦力，一般较小，可以和负载滑块与导轨之间的摩擦力作为整个驱动系统的摩擦阻力来考虑。压电堆的驱动电场由脉冲幅度和脉冲频率都可以连续调节的超低频方波信号发生器提供，以产生逆压电效应。这种新型压电驱动器是弹簧振子和压电振子耦合在一起发挥驱动作用。当弹簧振子作用时，压电陶瓷环、驱动头、导向杆的质量一起作为弹簧振子的质量块；当压电振子作用时，弹簧被压缩，一部分压电振子动能被作为弹簧振子的势能存储。

当脉冲方波上升沿到来的时候，压电陶瓷堆产生形变，沿其轴向膨胀，推动负载滑块向前移动，同时也反方向压缩弹簧；当下降沿到来时，晶体形变消失，在驱动头和负载滑块之间产生小段间隙，于是弹簧推动驱动头运动，使驱动头产生一定的初速度，并与负载滑块产生碰撞，由于后面还有弹簧的作用，这种碰撞是非弹性碰撞，驱动头和负载滑块一起运动，摩擦力做负功使驱动头和负载滑块运行一段距离就静止下来，并等待下一个电压上升沿的到来。如果驱动脉冲频率比较高，弹簧振子还没有静止下来，下一个脉冲就已经开始作用，此时驱动器运动就是一种连续方式，运动速度与脉冲电压，弹簧振子的固有频率有关。在连续不断的方波上升沿的驱动下，负载滑块能够一步一步向前移动。每一次驱动产生两种位移：晶体膨胀位移和弹簧做功产生初速度与负载滑块碰撞而获得的位移。如果在负载滑块上连接负载，比如 STM 或 AFM 的探针，$x-y$ 平台，磁盘读头，机器人的操作臂等，就可以实现这些设备的高精度位移定位。

6.4.2　压电喷墨头

压电喷墨技术按照压电薄膜的变形模式可分为四种主要类型：压式（squeeze）、弯曲式（bend）、推式（push）和剪式（shear），其中弯曲式对应的振动方向垂直于电场的伸缩振动方向。通常液滴喷射按喷射部位可划分为底部发射和侧壁发射两种。图 6-16 为采用压式侧壁喷射的结构图。所研制的喷头是由压电薄膜沉积在耐热玻璃表面的复合结构，输入电压越大，产生的变形就越大。设计喷头时要特别考虑振幅、频率、最大位移和应变等动力特性参数的影响，它们决定了喷头的基本尺寸和工作参数并且直接影响喷射效果。

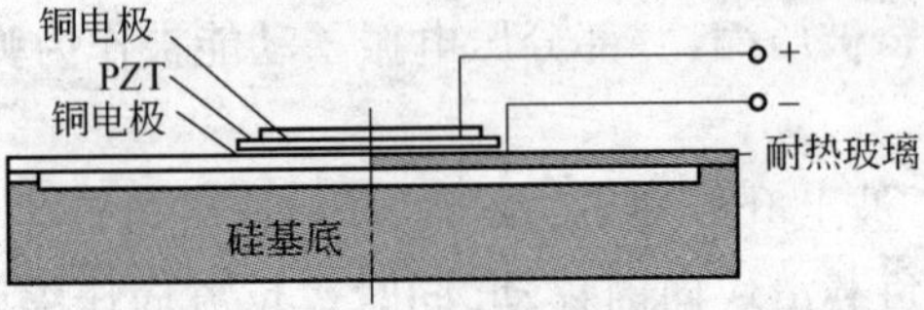

图 6-16　采用压式侧壁喷射的结构图

该器件由一层硅片基底、一层耐热玻璃和最上层的压电薄膜构成。硅片基底上通过体硅工艺刻蚀腔体和微沟道（尺寸分别为 100μm 和 20μm）；再与耐热玻璃通过静电键合形成储液腔；然后在耐热玻璃上沉积压电薄膜作为驱动元件。

压电驱动喷墨打印机喷头的基本原理如图 6-16 所示。根据压电薄膜的逆压电效应，压电薄膜在垂直于其表面的电场作用下发生收缩变形。当压电薄膜和耐热玻璃黏结在一起时,在一定的谐振频率电信号的驱动下,压电薄膜将产生振动达到最大振幅。由于压电薄膜的变形引起耐热玻璃的弯曲变形,将电能转化为机械能,从而引起腔体内液体体积的变化,导致腔体内压力波动,使得液体从腔体侧面的微沟道喷出。

6.5 气体传感器阵列中微加热器的制作

金属氧化物气体传感器存在功耗大,一致性差等弱点,同时由于敏感机理的制约,元件的选择性只能靠掺杂、催化、选择最佳温度来优化,选择性问题不能得到根本解决,特别是混合气体分析中,单个元件不能满足要求。气体传感器阵列的研制,成功地解决了这一问题,气体传感器的阵列加上模式识别可以极大改善变量分析中的选择性。利用阵列中不同传感器的交叉选择性来确定混合气体中的特定分量,能给出各分量浓度的定量信息。

微结构气体传感器是集成气体传感器阵列的最下单元,它直接影响阵列产品的质量。微结构气体传感器是采用微电子、微机械加工和薄膜等技术制成的新一代气敏元件,它具有灵敏度高、选择性好、响应时间短、稳定度强、功耗低等优点,而且能够进行精确的温度控制、体积小、自动化和批量生产成本低,容易实现传感器的阵列并同信号采集和处理电路集成,易智能化。

微结构气体传感器的核心是 Si 外框架支撑的膜片上由加热器、温度传感器和气敏薄膜形成的有源区(active area),这层膜片使加热的有源区和外框架之间实现热隔离,Si 框架和电极引线保持在室温。在结构设计中加热和测温单元的加入必不可少。目前,已有很多材料可用来作微型气体传感器的加热电阻,如 NiFe 合金、SiC 膜、扩散电阻、多晶 Si 膜、金属 Pt 等。

6.5.1 利用扩散电阻作加热器

利用扩散电阻作加热器是美国 Case Wetern 大学报道的。制作过程如图 6-17 所示。基片选用 250μm 厚的 n 型〈100〉Si，为减少热损失，Si 片背后用化学方法腐蚀到约 6μm。Si 片上生长一层厚约 500nm 的 SiO_2 层作为绝缘层。加热器是硼扩散形成的 p 型掺杂的 Si，感温系统是一个 p－n 结二极管。加热和感温系统应该在 250℃以下操作，敏感电极、加热和测温部分的接触电极都是金膜，为增强金膜的牢固性，先沉积一层 5nm 厚的铬膜，金膜厚度约为 300nm。敏感膜由烧结或化学气相沉积制得。

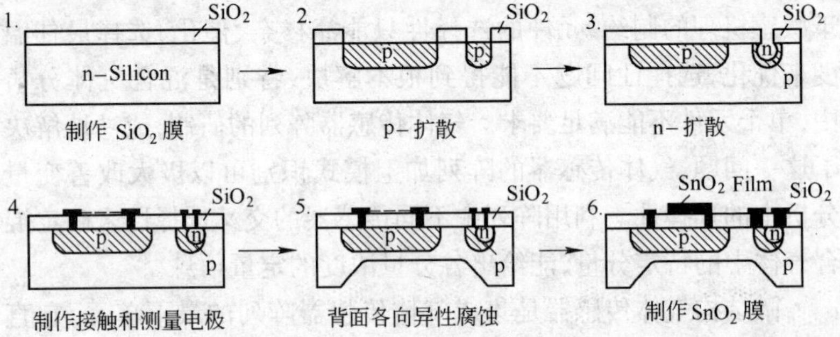

图 6-17　SnO_2 传感器的制作过程

6.5.2　微型热板式加热器（MHP）

这种加热器和温度传感器是由硼扩散形成的，机械支撑架是由四根桥型吊梁形成，每根由两个绝缘层和金属导线组成。因为金属 Al 比 SiO_2 的热导率高（约 170 倍），它为散发热量提供了一个低热阻通道。MHP 最大的工作温度 T_{max} 受所用金属熔点的限制，考虑 COMS 的兼容性，人们用 Al 作内接触金属。Al 大约在 450℃时开始扩散进 Si 中，因此 T_{max} 应该低于这个值。

6.5.3　绝缘层之间的金属 Pt 膜或多晶 Si 膜作加热器

应用金属加热器可以精确控制温度，但它不能实现高温过程，因为若加热到高温，就会影响加热器的正常热隔离。

微型传感器制作在厚约 300μm 的 p 型〈100〉双抛光 Si 衬底上，其上生长一层 12μm 厚的 SiO_2 层，然后在衬底的前面用 CVD 沉积 15μm 厚的 N/O/N（氮化物/氧化物/氮化物）膜，在方形基片的中心制作加热器。两种加热器通过以下方法制得：

（1）用 LPCVD 沉积多晶 Si，用 $POCl_3$ 掺杂以获得 20 ~ 25Ω 的薄层电阻。

（2）溅射 Pt/Ti（300nm/30nm）双层膜，用剥离方法形成一定形状。

敏感薄膜是通过金属 Sn 热沉积，在 600℃ 氧化形成 SnO_2。然后用各向异性的 KOH 溶液腐蚀 Si 衬底的背面，得到 27μm 厚的传感器支架。

6.6 微型燃烧器的制作

该微型燃烧器由 7 片厚度不同的单晶硅片组成（见图 6-18），通过深反应离子刻蚀（DRIE）干法加工而成。组装后的微燃烧器的样件，尺寸为 21.52mm × 21.52mm × 4.4mm，已成功地进行了氢气燃烧实验和测试。设计时力图增加流路的长度，其目的是减少微型燃烧腔的热损失和有效地对燃烧和空气进行预热。图 6-19 示出燃料和空气的入口及压缩废气的出口。

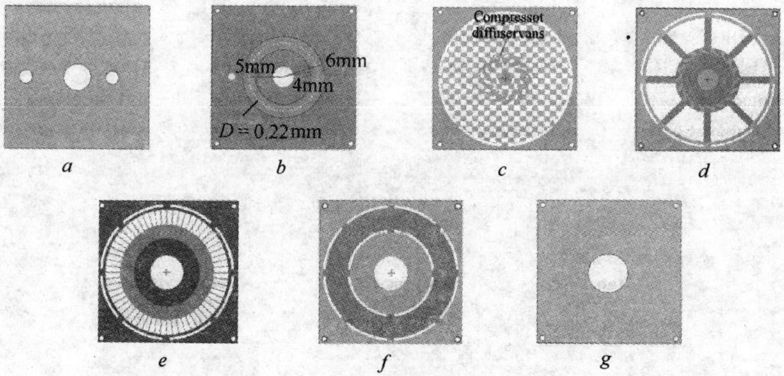

图 6-18 经光刻后的 7 块硅片的分组件

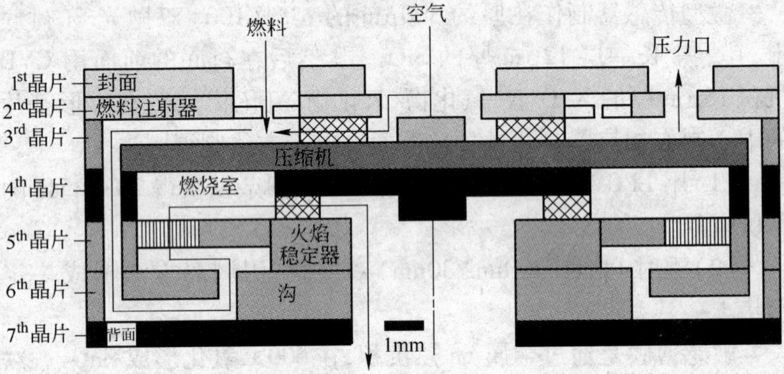

图 6-19　微燃烧室的结构设计

参考文献

[1] 加川幸雄.有限要素法入门(日).オーム株式会社,1982.

[2] Mamoru Kurata.半导体器件数值分析(英).Lexington 出版社,1982.

[3] 孙以材,石俊生.在矩形样品中 Rymaszewski 公式的适用条件分析.物理学报,44(1995),12,1870~1878.

[4] 冯端.位错的弹性理论(晶体缺陷和金属强度).北京:科学出版社,1965.

[5] 单学传,金玉丰,玉振峰,等.纳米技术与精密工程,3(2005),3,209~215.

[6] 近藤次郎.数学モラル.丸善株式会社,1976.

[7] 黄义.弹性力学基础及有限单元法.北京:冶金工业出版社,1982.

[8] Neuberger M. et al. Silicon. hughes aircraft company,1969.

[9] 肖敬勋,孙以材,杨庆新.压力传感器的计算机辅助设计.半导体杂志,1994,V. 19,No.1.

[10] 孙以材,范贻明.半导体技术中计算机仿真与辅助设计.信息杂志社,1988.

[11] 孙以材.晶体缺陷透射电子显微像分析.半导体杂志,1979~1981.

[12] G. B. Airy,Br. Assoc. Adv. Sci. Rep. ,1862.

[13] J. P. Hirth and J. Lothe. Theory of Dislocations(1968):72. McGaw-Hill Book company, New York,U. S. A.

[14] M. S. Hess,J. Comp. Mat. 3(1969):262~280.

[15] M. M. Froch and H. N. Hill. J. Appl. Mech. ,7(1940):5.

[16] E. J. Hearn,Photo-elasticity,(1971)(Merrow Watford),p17.

[17] M. Batista and J. Usenik. J. Strain Analysis,31(1996)(1):

[18] 徐泰然.MEMS 和微系统设计与制造.王晓浩等译.北京:机械工业出版社,2004.

[19] 李晔辰,孙承松.ANSYS 在硅岛膜设计中的应用.传感器世界,8(2002)11,26~28.

[20] 耿青涛,孙以材,王云彩.压力传感器的热模拟.传感器世界,14(2008)1,17~20.

[21] 张俊杰,王苏程,吴尔冬,等.X 射线衍射法测定加载条件下镍基单晶高温合金的表面应力状态(J).金属学报,43(2007),11,1161~1165.

[22] 孙以材.半导体测试技术.北京:冶金工业出版社,1984.

[23] 黄嘉华,王安涛译.传感器技术.1988(4):25~30.

[24] Lee S. Tarrow. Sensors and Actuators A (以下简缩成 S&A. A).1992(35),33~44.

[25] Xiqing Sun. S&A. A. 1992(32),189~192.

[26] Litian Liu. S&A. A1992(32),193~196.

[27] Zhu F. S&A. A. 1992(31),115~120.

[28] Kwa T. A. S&A. A. 1992(31),259 ~266.

[29] 朱荻,王明环等. 微细电化学加工技术. 纳米技术与精密工程,V. 3,N. 2(2005) 151 ~155.

[30] 刘艳红. 等离子体技术在微细加工中的应用. 半导体杂志,V. 23,N. 4(1998)40 ~44.

[31] Carlo H. Sequin,S&A. A. 1992(34):225 ~241.

[32] Pollak Diener G. Montagtechniken fur Silizium – SenSoren. Technischen Messen tm 56 (1989),R. oldenbourg Verlag,422 ~427.

[33] 秦秋实,盖洪凯,刘通,张治国. 半导体技术,1991(1):24 ~26.

[34] 牟军. 半导体技术,1994(2):23 ~26.

[35] 马长福. 实用粘接技术460 问. 北京:金盾出版社,1992.

[36] Wall G, Pomerantz D J. J. Appl. Phys. ,1969(40):3946 ~3949.

[37] Borom M P, Amer J. Ceram. Soc. ,1997(56):254 ~257.

[38] 詹娟. 半导体杂志,1996(4):8 ~10.

[39] 詹娟. 半导体技术,1994(6):54.

[40] H. M. 巴夫鲁什夫,A. K. 茹拉夫列夫编,陈树森译. 易熔玻璃. 北京:建筑工业出版社,1970.

[41] Quenzer H J,Beneke W. Sensors&Actuator A,1993(32)340 ~344.

[42] 张昱,潘武. MEMS 封装技术. 纳米技术与精密工程,V. 3,N. 3(2005)194 ~198.

[43] Park S S,Mackmzie J D. Thin Solid Films. 1995,25 ~268.

[44] Hoefer U,Kuhnet G,Scheizer W,et al . Sensors and Actuators B, 1994,22:115.

[45] 《半导体器件制造技术丛书》编写组. 引线封装. 北京:国防工业出版社,1972.

[46] Meyer D,et al. J. Vac. Sci. Technol. ,1985(3):772 ~775.

[47] Rima P W . Hybrid Circuit Technology,1984(11):15 ~21.

[48] Sun Y C, Semiconductor Sci. &Tech. ,1994(9):1689.

[49] Harman G. Reliabilty and Yield Problems for Wire Bonding in Microelectronics,International Society for Hybrid Microelectronics,1989,68.

[50] Catching up to Flip Chip Technology . Connections Magazine ,2001,1. 36.

[51] Lawrence S. Davken et al. McGraw – Hill Book Company . Inc. ,1953.

[52] 伊·萨博著,雷有常等译校. 高等工程力学(上). 北京:海洋出版社,1985.

[53] Ristic,V. M,Principles of acoustic Device,John Wiley & Sons,In. C,1983.

[54] 白韶红. 微型阀和微型泵的原理与应用. 传感器世界,6(2000),4,1 ~8.

[55] 何秀丽等. 气体传感器阵列中微加热的发展现状. 半导体杂志,23(1998),2,34 ~39.

冶金工业出版社部分图书推荐